锐扬图书 编

实用 + 高效 + 精准 + 新潮

家居装修实用指南
居室风格

U0214573

海峡出版发行集团 | 福建科学技术出版社
THE STRAITS PUBLISHING & DISTRIBUTING GROUP | FUJIAN SCIENCE & TECHNOLOGY PUBLISHING HOUSE

图书在版编目（CIP）数据

家居装修实用指南.居室风格/锐扬图书编.—福
州：福建科学技术出版社，2019.9
ISBN 978-7-5335-5934-2

Ⅰ.①家… Ⅱ.①锐… Ⅲ.①住宅－室内装饰设计－
指南 Ⅳ.① TU241-62

中国版本图书馆 CIP 数据核字（2019）第 142079 号

书　　名	**家居装修实用指南　居室风格**	
编　　者	锐扬图书	
出版发行	福建科学技术出版社	
社　　址	福州市东水路76号（邮编350001）	
网　　址	www.fjstp.com	
经　　销	福建新华发行（集团）有限责任公司	
印　　刷	福州德安彩色印刷有限公司	
开　　本	787 毫米 × 1092 毫米　1/16	
印　　张	14	
图　　文	224 码	
版　　次	2019 年 9 月第 1 版	
印　　次	2019 年 9 月第 1 次印刷	
书　　号	ISBN 978-7-5335-5934-2	
定　　价	75.00 元	

书中如有印装质量问题，可直接向本社调换

第一章　现代风格居室

现代风格家居十分重视功能和空间组织，主张在有限的空间里发挥最大的使用功能。造型简洁，不用过多的装饰，崇尚合理的构成工艺，尊重材料的性能，讲究材料自身的质地和色彩的配置效果。

现代风格预览档案

色彩特点	黑色、白色、灰色、棕色、米色居多，以表达时尚、睿智、整洁的色彩印象。常见的配色方案有无彩色系、无彩色系+暖色系、无彩色系+冷色系、多彩色+白色、对比色、棕色系的深浅搭配等
装饰图案	直线、弧线、不规则图形、几何图形
装饰材料	玻璃、金属、石材、砖石、墙纸、复合板材、乳胶漆等
特色家具	主要材料有金属、塑料、木材、玻璃等，选材较为多元化，样式以简约实用的板式家具为主

现代风格的色彩表现

〉无彩色系+暖色

以黑、白、灰、金、银等无彩色系作为家居空间的配色，能够彰显出现代风格硬朗、整洁的色彩特点。再利用无彩色系与暖色的对比来营造出现代风格居室的活泼与时尚。在实际运用时，既可以适当地运用一些纯度较高的色彩，来表达现代风格的时尚与个性；也可以与低饱和度的暖色相搭配，使空间显得更加温暖、亲切。

▲ 红色与黄色赋予空间时尚、热烈的氛围，显现出现代风格用色的时尚与前卫。

〉无彩色系+冷色

无彩色系若与冷色进行搭配,可以选择以白色作为背景色,以蓝色或灰色作为点缀或辅助配色,以营造出一个简洁、舒适的空间氛围。若以灰色作为辅助色,白色作为背景色,蓝色作为主题色,便能营造出一个稳重、素雅的空间氛围。

◀ 绿色作为辅助色的卧室中,搭配无彩色给人一种清爽、整洁的视觉感。

〉多色彩+白色

白色能与任何一种色彩形成对比或互补。在现代风格居室的配色中,可以选用多种色彩组合运用的配色手法来丰富空间的色彩层次,再充分利用白色强大的融合性来弱化多种色彩搭配带来的喧闹感,使整体配色效果既能带来很强的视觉冲击力,又能使整个空间看起来更加明快与活跃。

▶ 布艺元素、花艺、小型家具、装饰画的色彩,让空间呈现出五彩缤纷的视觉感。

现代风格的装饰材料

〉烤漆玻璃

　　烤漆玻璃是现代居室装修中比较常用的一种装饰材料。可与石膏板、木材、石材等多种装饰材料组合运用。现代风格居室中的烤漆玻璃颜色主要有黑色、茶色、金色或银色等。装饰效果简约大气，可塑造出一个视觉效果更加丰富的空间氛围，且环保健康。

← 黑色烤漆玻璃装饰的电视背景墙，低调、硬朗、大气，彰显现代风格的特点。

〉钢化玻璃

　　钢化玻璃的表面光滑、容易清洁，同时具有其他材料不能相媲美的通透性，因此在现代风格居室中的运用十分广泛，如家具、楼梯扶手、浴室隔断、台面等随处可见。

← 钢化玻璃作为空间的隔断，通透的质感与居室中的其他材质形成鲜明的对比，呈现出的视觉效果更加丰富饱满。

〉不锈钢

不锈钢是现代家居装修中利用率比较高的一种装饰材料，一般用来做家具的饰面材料或做装饰收边。不锈钢既健康又环保，还可重复利用，满足现代风格家居简洁、实用的特点。

⬆ 不锈钢收边条与镜面的搭配，凸显了墙面设计的层次感，也在细节上让装饰更有品位。

〉素色调大理石

中花白、大花白、爵士白、安娜米黄等素色大理石，具有色彩素雅、质感丰富、纹理独特等特点，是现代风格家居装饰的理想材料。

⬆ 浅灰色调大理石装饰的电视墙，简洁、大气，彰显出现代风格居室硬朗、坚实的风格特点。

⬆ 浅啡网纹大理石装饰的电视墙，简洁而富有创意，矮墙式的造型保证了其他区域的采光不受影响。

⬆ 花白大理石装饰的电视墙，纹理清晰，色泽优雅，呈现的视觉效果华丽、大气。

现代风格的装饰元素

〉现代风格的装饰图案

现代风格居室的装饰线条以简洁、大气为主，其中以直线、弧线及不规则的几何图形最为常见。直线可以展现出现代风格简洁、硬朗的美感；而优雅的弧线则可以令空间充满造型感；运用不规则的几何造型则会使空间的设计感更加突出，加强空间立体感的同时更能展现出现代风格的个性。

〉现代风格家具

1. 多种材质家具

家具选材多元化是现代风格家具的最大特点。简约的设计线条结合金属、玻璃、塑料等多元化材料组合而成的家具，现代感十足，同时又具备传统家具的耐用性与装饰性。

2. 板式家具

板式家具具有拆卸方便、造型简洁、外观时尚等特点，是现代风格居室中最常用的家具品种之一。板式家具是采用中密度板或刨花板通过表面贴面等工艺制成的家具，因此还具有不易变形、价格实惠等特点，是现代家具市场中的主流家具。

▲ 不锈钢与大理石组合的边柜，设计造型简约大气。

▲ 金属与钢化玻璃结合制作的边几，为居室带来十足的时尚感。

〉现代风格灯饰

现代风格灯饰以简约、另类、时尚为设计理念，设计造型以方形、长方形、圆形、球形或不对称的几何形状最为常见；其材质一般采用具有金属质感的铝材、另类气息的玻璃等；颜色以白色、金属色、黑色居多。总体来说，现代风格灯饰整体给人的感觉简约、实用，集装饰性与功能性于一体。

➜ 球形玻璃吊灯，以灰色呈现，造型简单，实用又有个性。

〉现代风格布艺

现代风格居室中的布艺装饰多以简洁、素雅的浅色为主；花纹图样也不会过于繁琐厚重，通常是以一些简单大方的线条、几何线条或简化的花卉为主；抑或选择纯色没有任何图案的布艺，以突出现代家居简约时尚的氛围。

➡ 几何图案的抱枕及素色调的床品，十分符合现代风格居室的氛围。

〉现代风格装饰画

现代风格居室中的装饰画通常选择抽象图案或几何图案为主题。悬挂方式较为多变，如对称挂法、重复挂法、水平线挂法或对角线挂法等。整体给人的感觉简练、明快，色彩对比强烈，对于整个家居环境起到点缀、衬托的作用。

➤ 巨幅装饰画的色彩层次十分丰富，艺术气息浓郁。

➤ 随意摆放的黑白色调装饰画，不拘小节。

▲ 对角式悬挂的装饰画，色彩丰富，为居室的色彩层次提升起到不可或缺的作用。

▲ 平行悬挂的装饰画，为空间带来浓郁的艺术气息与创意感。

〉现代风格饰品

现代风格家居中的饰品摆件造型简洁、线条流畅，材质多以金属、玻璃、陶瓷居多。饰品的选择宜少不宜多，如一只简约的白色花瓶或是造型抽象的金属摆件等，都能很好地营造出现代风格所追求的简约又不失精致的生活方式。

➜ 随意摆放的装饰画、花瓶、工艺品，从细节上展现了主人的品位。

实战案例

[创意灯饰带来的时尚感]

现代风格的客厅中，整体以黑、白、灰为主调，一款非常浪漫的球形吊灯作为空间的装饰，为了
和空间的主色调统一，选择白色的灯具，给人的感觉时尚又充满个性。

[浅棕色让客厅散发理性美感]

棕色调的背景色，总能给人带来一种理性的美感；客厅中家具的选材新颖，造型简洁大方，整
体散发出现代风格硬朗、整洁、时尚的格调。

[多元化的现代风格家具]

简约时尚，是客厅给人的第一印象，顶面、墙面、地面的装饰设计选择直线条作为主要装饰造型，简洁大方并选材多元化的家具成为空间装饰的重要组成部分。

[亮红色点缀出妩媚的现代风格居室]

客厅整体以棕色、灰色、白色为主调，几点亮丽的红色点缀其中，为坚实的色彩环境增添了一份妩媚之感，同时也彰显了现代风格配色的大胆与前卫。

[深浅对比增加空间层次]

电视墙的设计简约大方, 深色网纹大理石的装饰, 纹理清晰, 色调沉稳大气, 增添空间层次感的同时也为浅色调的空间增添了一份稳重感; 沙发墙的条纹壁纸, 为客厅带来韵律感, 三联装饰画清新、雅致, 为现代风格居室增添了艺术气息。

[冷暖材质的鲜明对比]

电视墙设计成整体收纳柜, 简洁大气, 集功能性与装饰性于一体, 完美地尊崇了现代风格居室的装饰原则; 电视墙的木材与沙发墙的镜面, 形成鲜明对比, 一冷一暖, 一明一暗, 彰显了现代风格居室装饰选材的大胆性。

[经典的无彩色系]

以无彩色作为空间的配色, 是现代风格居室中最经典的配色手法; 整个空间以灰色为主调, 通过调整不同材质的变换, 来体现色彩的层次感; 电视墙与沙发墙简洁的线条形成呼应, 有效地增加了空间的层次感; 简洁大气的水晶吊灯, 梦幻华丽。

[黑白对比的明快感]

墙面照片采用对角线式挂法，呈现出较强的艺术感，与白色墙面完美融合，增强了设计感与艺术感；黑色餐桌椅是整个空间的主角，与背景色形成鲜明的对比，让整个餐厅呈现出简约明快的视觉感。

[灯饰与家具的协调]

六边形的吊灯，现代感十足，黑色铁艺灯罩与餐桌、餐椅的框架形成了呼应，协调统一；墙面装饰画的题材新颖，为简洁的空间带来了一份别致的创意感。

[现代风格的时尚风情]

餐厅与客厅相连的空间内，大胆地运用巨幅装饰画作为沙发墙与餐厅侧墙的主要装饰，利用不锈钢条作为边框修饰，家具、饰品等在细节中体现出现代风格居室选材的新颖，让空间尽显时尚风情。

[蓝黄色互补的魅力]

蓝色具有自由、随性的色彩表现，蓝色的床品，营造出随和自然的空间氛围，黄色抱枕、搭被的点缀，与蓝色形成互补，打破了空间大地色系的沉静感。

[硬朗的棕色基调]

大面积的棕色搭配，给空间带来了简约沉稳的气息，浅灰色的背景色创造出高级时尚的视觉效果；棕色窗帘、床品稳重而统一，创造出一个硬朗而富有内涵的空间。

[来自红色的活力]

简约的卧室设计，大胆地使用了黑白灰，使整个空间都散发着洁净高雅的视觉感受；软包床明艳的红色，华丽而高贵，为空间带来了鲜活的生命力。

[温暖和煦的卧室]

整体的空间色彩，把温暖和煦的空间格调表达得贴切合宜；浅褐色是卧室的主色调，纯净洁白的背景墙，沉稳低调的木质家具，温暖的卡其色墙漆，都为空间提供了无限的暖意。

[高级灰与木色的祥和气息]

高级灰的硬包与床品的色彩保持一致，体现了空间搭配的整体感，与温润的木色结合，带来了祥和的气息；黑白条纹的地毯色彩对比明快，有效地充盈了空间的色彩层次。

[软包与镜面的碰撞]

软包与镜面的搭配，两种材质的冷暖对比，在灯光的映衬下显得更加鲜明；绿色长椅、花艺为
以棕色为主的空间带来了层次感，空间增添了一份自然气息。

[现代气息浓郁的休闲空间]

以线条简洁的现代家具，配合温暖柔和的色彩，使空间氛围显得时尚而雅致；随意摆放的米色单人沙发椅搭配蓝色抱枕，休闲氛
围更浓郁；钢化玻璃隔断将空间一分为二，功能性与装饰性兼备。

第二章　工业风格居室

工业风格家居中不会刻意隐藏各种水电管线，而是通过位置的安排以及颜色的配合，将它们化为室内的装饰元素。这种颠覆传统的装饰方式是工业风格居室中的装饰亮点。

工业风格预览档案

色彩特点	工业风多以黑、白、灰三色为主要配色，可搭配一些对比色或高饱和度的色彩，以增强空间的复古感；常见的配色方案有无彩色、无彩色+对比色、无彩色+暗暖色
装饰图案	直线、弧线、不规则不对称图案
装饰材料	裸砖、水泥、金属、文化石、鹅卵石、板岩砖
特色家具	水管再造创意家具是工业风最具特点的家具；铁艺家具、铁艺+木作家具、铁艺+玻璃、做旧的皮质沙发等

工业风格的色彩表现

›黑白灰的经典搭配

黑、白、灰色系十分适合工业风。黑色神秘冷酷，白色优雅轻盈，两者混搭交错又可以创造出更多层次的变化，让整个空间显得极简又不乏工业质感。

▲ 以高级灰作为背景色，呈现的视觉效果时尚而又富有工业风格的特点。

〉柔化空间的暗暖色

　　木色、砖红色、棕黄色、棕红色都属于暗色调的暖色,可以有效地缓解工业风格冷峻、硬朗的感觉,让居室空间更具暖意。

棕红色的布艺床品,看似随意,却为空间带来不可或缺的暖意。

〉灰色+高饱和度色彩

　　大部分工业风格的居室中,会以灰色为空间的主色调,不同深浅的灰色,显得空间工业质感十足。同时为避免配色的单调,我们需要通过张扬的艳丽色彩进行点缀,如红色、蓝色、绿色、黄色等比较有视觉冲击力的颜色,它们的饱和度较高,既能起到协调色彩搭配的作用,又能展现出工业风格的复古美感。

▶ 粉色的运用,成为空间中最明显的点缀,让空间配色富有跳跃感。

工业风格的装饰材料

› 裸砖

　　裸砖是最能表现工业风格居室韵味的装饰材料之一，砖块与砖块之间的缝隙可以呈现有别于一般墙面的光影层次，而且还能在砖块上进行粉刷，不管是涂上黑色、白色还是灰色，都能带给居室一种老旧却又摩登的视觉效果，十分适合营造工业风格的复古情怀。

▲ 裸砖砌成的墙面，粗糙的饰面与精致的软装形成鲜明的对比，给人怀旧中流露出时尚气息的感觉。

› 水泥墙

　　比起裸砖的复古感，水泥墙更有一份沉静与现代感；待在由水泥建构起来的空间内，整个人都不由得放慢脚步，慢慢呼吸冰冷的空气，享受室内的静谧与美好。水泥墙为硬朗的工业风增添了一份清新文艺之感。

▲ 水泥地面、裸砖的搭配，将工业风格的特点完美呈现。

→ 水泥饰面的灰色基调，给人一种老旧中带有一丝文艺的感觉。

工业风格的装饰元素

〉工业风格装饰图案

极简利落的直线或抽象的不规则图案,是塑造工业风个性表现的主要手段,其中以几何图形、斑马纹等不强调对称的图形最为常见,它们被广泛运用于墙面、家具、布艺、装饰画等装饰物上。

➡ 不对称的六边形茶几、几何图案的长凳,都诠释着工业风格图案的特点。

〉工业风格家具

1. 水管风再造家具

以金属水管为材料制成的家具是专为工业风格而打造的,十分适用于无法把墙面打掉而露出管线的居室空间。

2. 铁件+木作的融合式家具

铁件和木作可谓最佳伙伴,运用铁件坚固、轻薄的特性,与木作混搭,借由木纹的温润融化铁件的冷硬,在一冷一热间产生互补,令空间不至于给人感觉过于冰冷,反而有和谐冲突之美。如常见的黑色铁件吊柜,搭配实木板,营造出文艺青年最爱的咖啡厅风格;或是以铁件打造镂空造型骨架,嵌入木柜或木格,带来虚实错落的造型。

▲ 将裸露的水管制作成搁板,是个不错的选择。

▲ 管线制作的电视支架，使空间散发着浓郁的工业情调。

▲ 简约的金属支架搭配木饰面板制作而成的家具，一冷一热的材质对比，彰显风格特点。

〉**工业风格灯具**

工业风格居室内的灯饰造型或极简或复古，如简约的筒灯、复古的工矿灯、裸露的钨丝灯泡等，都是工业风格居室中较为常见的灯具样式。由于工业风格给人的感觉偏冷，色调偏暗，为了达到缓和的目的，在照明设计上可采用局部照明或混合式照明。

▲ 一高一矮的不对称式设计，充满个性，极富情调。

▲ 裸露的钨丝灯泡，充满创意的设计，具有十足的时尚感。

〉工业风格布艺

　　布艺装饰物在工业风格居室中是最能丰富风格细节的装饰元素之一，它们让简约的空间更有饱满度，更能增添工业风的温暖感与居室感。色彩的选择可以是高饱和度亮色，抑或是沉稳低调的暗暖色调，搭配或简洁或抽象的图案，整个空间会有意想不到的效果。

▲ 豆绿色布艺沙发、高级灰色的地毯，布艺色彩的层次分明。

〉工业风格装饰画

　　工业风格居室中的装饰画，题材十分广泛，也充分展现了现代艺术的开放性与包容性。其中油画、水彩画、素描画、工艺品画等，都可以用来装饰工业风格居室，让粗犷的空间氛围流露出细腻的艺术品位。

▲ 不对称式题材的黑白装饰画，艺术气息浓郁。

〉工业风格饰品

　　在工业风格的家居空间中，选择做旧处理的铁艺摆件、带有极简风的鹿头挂件、个性又富有现代感的雕塑模型作为装饰，都能极大程度地提升整体空间的质感，展现出工业风粗犷中带有的一丝细腻美感。

▶ 鹿头挂件、各种不同材质的灯饰，都可以作为装饰品来装扮空间。

实战案例

[粗犷与细腻的碰撞]

裸露的灰色水泥墙呈现出粗糙的质感，彰显出工业时代粗犷的基调；直线条的家具带来简洁、大气的美感，黑色金属大胆融入的应用，为空间注入了时尚的气息；粗糙与细腻的强烈对比，都以各自独特的魅力点缀着空间。

[无彩色系的空间]

黑、白、灰三种色彩作为空间的主色调，色彩对比明快，层次分明；浅灰色布艺沙发营造出温暖舒适之感，两只随意摆放的布艺坐墩、单人皮质沙发椅、组合茶几等小型家具的运用，带来满满的生活气息。

[布艺柔化粗犷的空间]

裸露的砖墙，没有任何多余的修饰，斑驳而富有老旧之感，与铁艺家具相搭配，营造出复古的摩登感；布艺沙发在这个粗犷的空间里显得细腻柔软，保证了空间的舒适度与和谐度。

[工业风的复古美感]

裸砖与皮质沙发的搭配，彰显了工业风格老旧、质朴的古典美感，铁艺灯、大理石茶几儿的融入，更加坚定了居室的工业风格基调；布艺抱枕的点缀恰到好处，华丽的面料及色彩也为空间带来无限的复古感。

[玻璃吊灯的复古情怀]

金属与木作组合的家具，坚实而耐用，黑色金属框架成为空间中不可或缺的色彩点缀；木质面板与地板的颜色相呼应，体现了搭配的整体感，同时也柔化了整个空间的视觉感；三盏明亮的吊灯设计简单大方，既保证了空间充足的照明，又带来一份工业风格的复古情怀。

[冷暖材质的碰撞]

裸砖与沙发在材质与色彩上形成对比，一冷一热，精致、柔软、细腻的布艺沙发缓解了裸砖粗糙、斑驳、老旧的视觉感；在暗暖色调裸砖的映衬下，绿色沙发显得更加精致而清爽；浅灰色调的布艺窗帘与地板形成呼应，为空间增添了一份柔和、明快的美感。

[玻璃推拉门拓展空间]

客厅与卧室之间采用玻璃推拉门来划分空间，餐厅的墙面挂画明亮的色彩让空间充满想象感；木地板、木质家具自然的纹理，在灯光的映衬下，更加清晰、自然。

[石材与金属的硬朗感]

铁艺与石材是整个空间中硬装的主要材料，粗糙石材带有肌理感的设计，搭配铁艺家具，让墙面更丰富、质朴；米白色的布艺沙发及各色抱枕的融入，为空间带来了不可或缺的暖意；质感细腻的大理石吧台与高脚靠背椅，打造出一个极具悠闲意味的角落，现代感十足，生活气息浓郁。

[清爽的绿色]

灯饰无疑是整个空间中最具有工业风格特点的元素之一，成为空间装饰的点睛之笔；以绿色作为空间的主色调，搭配裸露的钨丝灯泡、做旧的布艺沙发、装饰画等元素，为工业风格居室带来一份清爽之感。

[斑驳的老旧家具]

做旧的木质家具为空间带来一定的温度感与复古感，斑驳的质感与空间内其他装饰元素形成鲜明对比，彰显了工业风格沧桑、老旧的美感。

[灰暗、冰冷的工业风]

裸露的水泥房顶保持了工业风一贯灰暗、冰冷的基调，铁艺家具、裸露的管线等元素点缀其中，更加强化了风格基调；洗白处理的地板与其他元素形成强烈对比，略有一份暖意。

[工业风中的简约美]

白色与木色是整个空间的主题色，给人呈现的视觉感受是干净、简约、温馨；细腻洁白的人造大理石台面与墙面裸露的水泥墙形成鲜明的对比，使整个空间散发着灵动与优雅；白色+灰色+木色的搭配，传承了工业风格的基本色调。

[极简的韵味]

素白的墙面搭配深色布艺窗帘，展现出工业风格质朴的美感；看似随意摆放的抽象油画，再一次强调了工业风格的主题。

[简约时尚的卧室]

简约的空间里，家具的线条简约流畅，增添了空间的时尚感；浅灰色布艺窗帘具有良好的遮光效果，既能起到空间划分的作用，又能保证卧室的私密性。

[混搭情调]

裸砖与皮革沙发强调了空间的工业风格基调，日式榻榻米的加入为空间注入浓郁的自然气息，完美的混搭，打造出一个别具特色的空间角落；绿色的融入为空间增添了一份复古感。

[木地板的调和]

以灰白两种色彩为主调的卫生间，给人的感觉简洁、大气；深色木质地板的运用，增添了空间的稳重感，也在一定程度上增添了空间的色彩层次感。

[来自水泥灰的魅力]

水泥灰造就了整个空间硬朗、灰暗、冰冷的工业风格基调，家具的设计造型简单实用，随意摆放的各种物品，增添了无限的生活气息。

第三章　传统中式风格居室

传统中式风格装修的最大特点是以中国传统文化为设计元素，吸取传统装饰"形""神"的特征，给人最直观的视觉感受是气势恢宏、壮丽华贵、高空间、大进深、雕梁画栋、金碧辉煌。

📖 传统中式风格预览档案

色彩特点	传统中式风格擅长以浓烈而深沉的色彩来装饰，常见配色方案有红色+黄色+大地色、多彩色组合、多彩色+白色、对比色+大地色等
装饰图案	回字纹、万字纹、云纹、仕女图、山水图、花鸟鱼纹样、福禄寿等吉祥纹样
装饰材料	木材、仿古砖、红砖、大理石、砂岩、仿古壁纸、木地板
特色家具	实木家具最能体现传统中式家具的精髓，圈椅、条案、太师椅、架子床、鼓凳、屏风等

传统中式风格的色彩表现

〉红色/黄色+大地色

中式风格擅长以浓烈而深沉的色彩来体现传统中式端庄、优雅的内涵，以棕红色、棕黄色、米色、茶色等大地色为主色调，采用红色或黄色作为点缀搭配，塑造出吉祥富贵的传统中式风韵。

红色的点缀，彰显了传统中式居室的华丽感、展现出传统文化追求华丽与富贵的特点。

﹥多色彩

　　若想提升传统中式风格居室空间的色彩层次感，可以选用红色、黄色、绿色、蓝色、紫色等多种色彩进行搭配，通常是将它们体现在瓷器、布艺、书画等软装元素中，起到画龙点睛的作用。

抱枕、饰品、花艺绿植等元素的色彩成为空间中最抢眼的点缀，画龙点睛，彰显传统文化的底蕴与风采。

﹥对比色

　　中式风格中的对比色多以红色+蓝色、黄色+蓝色、红色+绿色为主。实际搭配时，应合理掌控色彩的明度及使用面积，以避免破坏整体的协调性，通常是出现在布艺抱枕或工艺饰品等元素上。

➥ 红色、黑色、蓝色、白色的对比让空间的色彩层次更加丰富。

传统中式风格的装饰材料

〉木材

在传统中式风格家居装饰中对于木材的运用可谓无处不在，如护墙板、家具、装饰挂件、地板、隔断等，而且多为重色，如棕红色、棕黄色等沉稳的木质颜色。

➤ 木质格栅、家具、地板的运用，展现出中式风格低调内敛的韵味。

〉红砖

红砖由红土制成，各地土质不同，砖的颜色也不完全一样。无论是室内还是室外，采用红砖来装饰主题墙面，均能营造出典雅古朴又具个性的装饰风格。

红砖装饰的墙面，与空间中其他材质形成鲜明对比，淳朴意味浓郁。

传统中式风格的装饰元素

〉传统中式风格装饰图案

　　传统装饰风格的装饰图案是中式文化含蓄气质的体现，蝙蝠、鹿、鱼、喜鹊是比较常见的装饰图案。蝙蝠象征着福，可寓意有福；鹿与禄谐音，可寓意禄；鱼则有年年有余的寓意。梅兰竹菊、岁寒三友等是一种隐喻，借用植物的生态特征，赞颂崇高的情操与品行。同理，石榴象征多子多孙，鸳鸯象征夫妻恩爱，松鹤象征健康长寿等。

▲ 蓝色的屏风以木兰花、喜鹊作为主要装饰图案，清秀淡雅。

◀ 牡丹、芍药等象征着华丽富贵的花卉图案，在中式风格居室中的运用十分广泛。

〉传统中式风格布艺

　　带有中国吉祥图案的布艺饰品更能彰显传统中式文化"图必有意，意必吉祥"的特点。如龙凤、云纹、莲花、锦鲤、喜鹊、梅花等极富民族气息的纹样；色彩多以金色、紫色、蓝色、红色等华贵大气的色调为主，搭配流苏、云朵、盘扣等中式元素，更具有中式宫廷的贵气与精致。

〉传统中式风格家具

传统中式家具多以明清家具为主，多采用对称式的布局方式。

1. 条案类家具

书案、平头案、翘头案等长条形几案都属于条案类家具，其与桌子的区别是依脚足位置不同而采用不同的结构方式，故称"案"而一般不称"桌"。

2. 椅子

传统中式家具中的椅子，有太师椅、官帽椅、圈椅，不同的椅子有不同的尺寸。其中清代的太师椅体积最大，适用于大户型的客厅中。圈椅则是明代家具的代表，暗含天圆地方之寓意，也称罗圈椅，其后背搭脑与扶手由一整条圆润流畅的曲线组成，在现代室内设计中也是融合度最高的家具。

▲ 古朴的传统中式实木家具，精致的雕花彰显了传统家具的别具匠心。

条案是中式传统家具中最为常见的家具样式；随意摆放的瓷器、工艺品，彰显主人的品位。

3. 凳

中式家具中的凳要数鼓凳最具代表性，又被称为坐墩，以纯朴的造型诠释着千百年来中国文化与艺术的内涵，还保留着藤墩和木腔鼓的痕迹。它能融合于每个空间，营造出返璞归真的氛围，让人产生深刻而内化的触动。

4. 亮格柜与屏风

亮格柜是亮格和柜子相结合的家具，明式的亮格柜中，亮格在上，柜子在下，兼具摆饰与收藏两种功能。常见的中式屏风多以古色古香的山水泼墨、刺绣仕女图案或者古木镂空为主要装饰手法，与古典家具浑然一体，呈现出一种和谐、宁静之美，起到分隔、美化、遮挡、协调之作用。

5. 床

传统中式风格的床通常为架子床，有四柱式或者六柱式两种，架子上可以围上帷幔。此外中式床还有罗汉床，造型有点像加宽的上条椅，没有架子，通常安置于书房或休闲区中。

▲ 低矮的实木家具，蓝色漆面典雅清淡。

▲ 平开门式衣柜，精美的中式雕花，在灯光的映衬下，质感更加突出。

▲ 实木与布艺结合的屏风，图案精美，色彩艳丽。

›传统中式风格灯具

传统中式风格灯具一般比较稳重，采用实木、仿羊皮、陶瓷等材质。其中的仿羊皮灯的光线柔和，给人温馨、宁静的感觉。仿羊皮灯主要以圆形与方形为主。圆形的灯多为装饰灯，起着画龙点睛的作用；方形的仿羊皮灯多以吸顶灯为主，外围配以各种格栅及仿古纹样，造型十分的古朴端庄。古典的陶瓷灯具有耐高温、吸光吸热的特点，由于采用的是薄坯陶瓷，灯具很轻，其灯架多为木制。如果家中选用的是红木等家具，配上陶瓷灯效果很好。

▲ 床头的台灯采用简化的宫灯式造型，暖色的灯光，古朴雅致，别有一番韵味。

›传统中式风格装饰画

传统中式风格居室的装饰画以水墨画、工笔画、写意画、书法字画为主。题材可分为人物、山水、花鸟等，不同题材装饰画的摆法也各有讲究。其中山水画、荷花字画适合挂在客厅；而竹子字画、书法字画则适合挂在书房或卧室。

▲ 透明的玻璃吊灯，六角造型具有传统灯饰的韵味。

›传统中式风格饰品

挂屏、盆景、瓷器、古玩、中国结、文房四宝、茶具、木雕等艺术品，都是传统中式居室中十分常见的装饰品，它们既有美好的寓意，又能很好地展现出中国传统文化的精髓。

▲ 精美的瓷器、文房四宝等物件的点缀，强化了空间的中式传统韵味。

实战案例

[富贵华丽的牡丹图屏风]

以暗暖色为基调的空间总能让人感到温暖与舒适，深色木质家具搭配米色调的布艺沙发，令空间更具美感，茶几上精美的花束点缀出空间情调；以牡丹为主题的屏风，瞬间凸显出传统中式风格富丽华贵的特点。

[喜上梅梢]

梅花是整个空间装饰的主题，无论是墙面上"喜上眉梢"的壁纸图案，还是矮柜上的一簇红梅，抑或是柜体上的梅花图案，都彰显了主人对梅花的喜爱之情；将大量的欧式古典样式与传统中式文化相融合，营造出一个优雅中透露着古朴的空间氛围；白色古典家具在灯光的映衬下更显干净、整洁。

[混搭的韵味]

木色家具古朴优雅，空间内的摆件及墙饰都呈现出古朴的气质；拱门造型的落地窗运用其中，大大增强了空间的采光性与开阔性，与美式的铁艺灯搭配，为传统中式风格空间注入一份欧式风格的恢宏之感，中西混搭别有一番韵味。

[古朴雅致的中式情调]

整个空间给人的第一印象是古朴、雅致，经典的古典家具搭配面料柔软的布艺坐垫，色彩层次分明，柔软舒适；暗暖色的护墙板与家具的颜色保持一致，使空间更具美感；茶几上的三两茶具独具中式情调。

[传统中式的和谐色调]

沙发背景色采用了软包作为整体装饰，搭配浅灰色调的布艺沙发，颜色上形成鲜明的深浅对比；箱式实木茶几、博古架、地板的颜色与软包的色彩保持一致，彰显出中式风格居室搭配的整体感；浅灰色的回字纹图案地毯则与沙发相呼应，让整体空间的色彩搭配更和谐、更舒适。

[悠远的山水画]

餐厅侧墙上的一幅复古山水画，渲染出空间优雅的意境，并流露出富贵气息；餐椅柔软的布艺饰面，营造出休闲氛围；精美的根雕摆件则为空间增添了艺术感与人文气息；通透的窗棂造型格栅作为厨房与餐厅的间隔，极富传统韵味，同时也增加了空间的层次感。

[暖色灯光对环境的渲染]

餐厅以浅灰色为背景色，暖色的复古吊灯渲染出一个温馨、舒适的用餐空间，让墙面的格栅造型更有立体感；深色的木质家具与背景色形成鲜明对比，提升了整个空间的层次感。

[床品营造舒适的睡眠空间]

棕红色作为空间的主色调，营造出一个静谧、悠远、舒适的空间氛围；牡丹图案的布艺床品是空间中最为亮眼的装饰，带来浓郁的富贵气息，与棕红色搭配，完美地诠释着中式风格的舒适与温馨。

[来自布艺软包的华丽美感]

软包装饰的卧室背景墙，在灯光的衬托下显得十分华丽，床品的色彩与其形成呼应，让卧室的整体基调更加柔和；深色护墙板的运用，为空间增添了一份稳重感，暖白色的台灯照射下，凸显了木质的质感，给人安静祥和 的感受。

[沉稳大气的古典风韵]

沉稳色调的古典木色配上灰蓝色壁纸,给空间营造出一种沉稳大气的感觉;将带有传统中式韵味的窗棂格栅作为间隔,既能起到美化空间的作用,还具有一定的透光性;以青花瓷器为主题的装饰画,色彩雅致,搭配白色瓷器摆件,提升了整个空间的氛围。

[传统空间里的华丽色彩层次]

蓝色亮漆饰面的边柜造型简洁,精致的雕花却带有浓厚的传统中式韵味,是整个空间装饰的亮点;仿古图案的壁纸、装饰画、灯饰、花艺及工艺品等元素的搭配,使空间的色彩层次丰富且不突兀。

[精美的瓷器]

以浅大地色为主色调的空间内，金属色壁纸的运用增添了空间的华贵之感，与金属线条结合，从细节上凸显中式风格的品质与奢华气度；一只明黄色的将军罐是整个空间最为亮眼的点缀，为古朴的空间带来一抹艳丽之感。

[宁静致远的书香氛围]

整个空间的搭配十分考究，运用传统的中式风格字画作为墙面装饰，营造出浓郁的书香气息；深色的地面配上浅色的墙面，体现空间自然宁静的气质；做工精致的家具传递着丰富的文化张力和包容性。

[文房四宝的魅力]

文房四宝是最能体现传统中式文化底蕴的元素之一，搭配质朴简洁、工艺精湛、色调沉稳的中式书桌，传递着浓郁的传统中式文化气息；书柜上花鸟题材的工笔画为书香气息浓郁的书房空间增添了一份柔和的美感。

[对称的东方韵味]

对称是传统中式风格装饰中最为经典的空间装饰布局，深色边框的山水画，气势磅礴、生机盎然，在整个空间中显得十分有格调；对称摆放的两尊汉白玉狮子极具有力量感，十分符合东方艺术的审美要求。

第四章　现代中式风格居室

现代中式风格将传统中式设计元素与现代
材质、现代风格相混用，巧妙兼柔，使得现
代中式风格在兼具传统文化韵味的同时，
充分融合具有现代艺术的美学理念。

现代中式风格预览档案

色彩特点	现代中式风格的色彩较为淡雅，以白色、木色、米色、灰色运用居多，常见色彩搭配方案有无彩色+米色、无彩色系、白色+灰色、无彩色+蓝色等
装饰图案	以简单的直线或圆形居多，或简化的回字纹、万字纹、对称图形等
装饰材料	木材、大理石、玻化砖、板岩砖、仿古砖、青砖、乳胶漆、壁纸、玻璃
特色家具	板式家具、简化的博古架、箱式茶几、中式沙发、躺椅等

现代中式风格的色彩表现

〉白色/米色+黑色

以白色或米色与黑色搭配，能够体现现代中式风格整洁、素雅的品位。可以根据空间面积的大小来决定黑色的使用面积，以避免产生压抑之感。

白色墙面搭配黑色装饰线、家具等元素，彰显出现代中式的简洁美。

▲ 黑色实木书桌作为主题色，白色作为背景色，明快而简洁。

▲ 黑白灰搭配的客厅，花艺、画品的点缀，清新秀雅。

〉白色+灰色

　　白色与灰色的搭配能显示出新中式风格小家碧玉式的朴素与雅致，这两种颜色搭配起来比较随意，不受空间大小的限制，也可适当融入一些冷色，如蓝色或绿色作为点缀。若想增添空间的厚重感，则可加入棕色、茶色等大地色系。

▲ 灰色为背景色，白色为主题色，简洁大气。

◀ 浅灰色为主题色，白色作为背景色，简洁优雅。

现代中式风格的装饰材料

〉青砖

　　青砖呈青黑或青灰色，有一定的强度和耐久性，因其多孔而具有一定的保温隔热、隔声等优点。居室内以青砖来装饰主题墙面，能充营造出一种素雅、古朴、宁静的美感。

青砖装饰的玄关墙面，搭配木质家具及护墙板，整体感觉淳朴自然。

〉洞石

　　洞石是一种多孔的岩石，成品疏密有致、凹凸和谐。采用洞石装饰墙面，能够为空间带来一份复古情怀，增添空间的历史韵味。在现代中式风格居室中，米白色、浅咖啡色、米黄色的洞石运用最多。

▶ 洞石装饰的墙面，层次丰富，纹理自然。

灰白色洞石搭配黑色陈列柜, 色彩及材质的对比一目了然。

〉中式仿古壁纸

以万字纹、卷草纹、仿古文字、书法、花鸟图等作为壁纸的装饰图案, 可以为空间带来一份古朴、雅致的美感, 完美地延续和传承了古典中式文化的思想与韵味。

↑ 以木兰花为装饰图案的壁纸, 色调淡雅, 质感古朴。

↓ 中式缠枝纹作为壁纸的装饰图案。精致的图案, 丰富的色彩, 呈现出的视觉效果颇为华丽。

现代中式风格的装饰元素

〉现代中式风格装饰图案

在现代中式装饰风格居室中，装饰多采用简洁、硬朗的直线条，直线装饰在空间中的使用，不仅反映出现代人追求简单生活的居住要求，也迎合了中式家居追求内敛、质朴的设计风格，使中式风格更加实用、更富现代感。

简洁的木质格栅，在现代中式风格居室中十分常见。

〉现代中式风格家具

现代中式风格家具秉承了明清古典家具的遗风，保留了传统人文气质的同时，结合了现代工艺，造型更加简洁、大方，更符合现代人的审美，整体气质恬淡舒适，高贵典雅，中庸大度。

➡ 直线条的家具，采用实木作为装饰原料，十分富有质感。

1. 中式布艺沙发

中式沙发的特色在于裸露在外的实木框架。上置的海绵椅垫可以根据季节的变换需求来进行更换。这种灵活的方式，使中式沙发深受许多人的喜爱，冬暖夏凉，方便实用，我国南北方均可用。

◀ 实木框架搭配柔软的布艺，简洁舒适。

2. 博古架

这种在室内陈列古玩珍宝的多层木架，是中式风格家具中特有的木器，架中分有不同样式的许多层小格，每层形状不规则。博古架上可摆放一些玉器、瓷器等饰品。

▲ 简化的博古架，层次丰富，搭配精美的瓷器工艺品，装饰效果极富中式韵味。

〉现代中式风格布艺

现代中式风格的布艺装饰并不会有太多繁复的纹样图案,通常以简化的回字纹、万字纹、卷草图案及缠枝花图案为主。色彩以米色、浅棕色等一些淡雅的色调居多。

▲ 柔软的纯棉质地床品,图案简洁,色彩雅致。

▲ 花草图案的抱枕及灰白色布艺沙发,为客厅增添了一份柔软舒适的感觉。

〉现代中式风格灯具

现代风格灯饰的造型简约而不单调,既没有摒弃传统装饰元素,也不会单纯地进行元素堆砌,而是将传统元素与现代设计手法巧妙融合。现代中式风格灯饰在搭配时需要注意与空间内的其他饰品形成呼应,例如可以安装同系列的壁灯或台灯,或摆放一些中式元素的装饰品等,以避免产生突兀感。

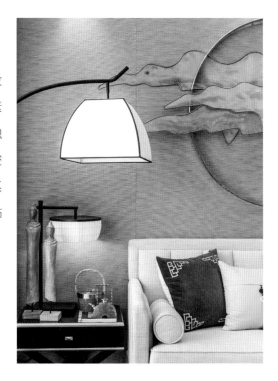

➡ 羊皮纸作为灯罩,光线柔和而雅致。

▲ 暖色灯光的古典式落地灯，设计线条流畅饱满。

▲ 落地灯的造型简约时尚，为中式风格空间增添了时尚感。

〉现代中式风格饰品

　　现代中式风格居室中在细节装饰方面十分讲究，往往能在面积较小的住宅中，营造出移步换景的装饰效果。这种装饰手法借鉴中国古典园林，给空间带来了丰富的视觉效果。在饰品摆放方面，现代中式风格是比较自由的，装饰品可以是绿植插花、茶具以及不同样式的灯具等。这些装饰物数量不多，在空间中却能起到画龙点睛的作用。

→ 简约清新的花束搭配白色瓷质花瓶，简洁优雅。

实战案例

[现代中式风格简洁大方的魅力]

家具的设计线条以直线为主，简洁大方，与素白色大理石装饰的墙面形成鲜明的对比，使空间的整体色彩层次更加分明；暖色调的灯饰带有一份复古韵味，展现了现代中式风格的特有魅力。

[意境的渲染]

木质格栅装饰的沙发墙，通透而富有神秘感；布艺及家具的对称式摆放则尊崇了传统文化的特点；墙饰、灯具、花艺、饰品等元素的精心搭配，完美地渲染出现代风格居室的意境。

[明快的对比色]

采用布艺软包装饰的沙发墙，选择了深灰与浅白灰两种颜色进行装饰，在颜色上形成了鲜明的对比，有效地提升了空间色彩的层次感；绒布饰面的沙发在灯光的映衬下，质感更加突出。

[古朴元素与现代元素的运用]

带有古典木色木质窗棂格栅装饰的电视墙,一方面弱化的大面积石材的硬冷质感,一方面为空间注入了无限的复古韵味;线条简洁的家具,彰显了现代中式风格严谨的生活态度,圆形回字纹地毯点缀其中,活跃了家居氛围。

[手绘墙画的韵味与魅力]

整个空间运用了现代风格的家具造型及色彩搭配,再混搭中式元素的摆件、墙画,创造出了一个新颖别致的新中式风格空间;稳重的灰色与棕色作为空间的主色调,整体给人带来的视觉感十分稳重、高贵,沙发墙面的山水画使整个空间散发着中式韵味。

[白色+灰色的经典搭配]

简约的白色能为空间带来洁净优雅的美感；客厅中采用白色作为沙发的主色，与浅灰色的对比较弱，也更显柔和，是现代中式风格居室中经典的配色方案；少量黑色或其他色彩的点缀，提升色彩层次的同时也更显空间的明快感。

[中式家具的使用感与现代感]

格栅装饰的电视墙，既丰富了空间的设计感，又延续了传统中式家居的层次之美；空间中家具采用了简洁、硬朗的直线条，不仅迎合了中式家具追求内敛、质朴的设计风格，也更实用、更具有现代感。

[对称带来视觉上的舒适感]

空间整体给人的感觉平衡又对称,带来了极度的舒适感;家具的设计线条简洁硬朗,十分富有现代感;色彩的搭配深浅对比分明;墙画、工艺品的点缀,让空间充满生活气息。

[米色与黑色的搭配]

浅棕色壁纸装饰的餐厅侧墙,在灯光的映衬下,质感更加突出,简化的格栅与其搭配,更加凸显了墙面设计的层次感;餐桌椅的设计简洁大方,黑色与米白色的色彩搭配,对比明快,给人呈现出一种柔和中带有一丝明快的视觉感受。

[素色调的平和美感]

素色的卧室空间环境及现代直线条的家具造型，创造出了简洁而平和的中式氛围；深色调的窗帘及搭杯，增强了空间的色彩层次；床头柜的五金带有经典的传统中式韵味，为空间注入了不容忽视的中式情怀。

[清新唯美的水墨丹青]

卧室床头的水墨画，清新唯美，给人一种醉身于自然的感觉；蓝白色调的布艺床品，柔软舒适，打造出 个放松恬静的睡眠空间；白色纱质窗帘的加入则为空间增添了无限的浪漫情调。

[简约的中式韵味]

卧室床头墙采用直线条的皮革软包和以花鸟为题材的工笔画作为装饰，一今一古，营造出以个温馨唯美的空间氛围；床头两侧的台灯、床头柜，床上的纯棉质床品等软装元素的衬托与搭配，将空间的中式氛围推向高潮。

[利用布艺营造氛围]

布艺元素装点出一个温馨舒适的睡眠空间，华丽的布艺在灯光的映衬下更显高贵；深色调、造型简洁的家具提升了空间的色彩层次感；灯饰的曲线造型让整个空间的形态更加丰富。

[来自木色地板的重心]

布艺软包与布艺床品的搭配，为睡眠空间提供了一个温暖舒适的氛围，布艺元素的图案，也为空间注入复古情怀；温润的木色地板，是空间色彩的重心，为浅色调的空间增添了稳重感。

[简洁素雅的现代中式风格]

整个空间简洁大气，白色墙面、白色家具给人带来干净整洁的视觉感受；两侧对称的镜面为空间带来扩张感；灯饰、家具、饰品等软装元素的点缀，不仅缓解了白色的单一感，还将传统文化气息引入现代空间中。

[格栅的魅力]

利用格栅进行区域划分，是中式风格居室中最为常见的装饰手法，利用格栅半通透的特点，既不影响采光又有良好的装饰效果；玄关柜上对称摆放的绿萝则为沉稳典雅的空间带来了生机。

[巧用家具划分空间]

简化的博古架将书房与其他空间进行有效地划分，是整个书房装饰的亮点，既有一定收纳功能又有良好的装饰效果，整齐摆放的工艺品及书籍也成为空间中不可或缺的点缀元素。

第五章　新古典主义风格居室

新古典主义风格居室十分注重装饰效果，
用室内陈设品来增强历史文脉特色，往往
会照搬古代设施、家具及陈设品来烘托室
内环境气氛。色彩以白色、金色、银色、暗
红为主调，明亮、大方，整个空间给人以开
放、宽容的非凡气度。

🎓 新古典主义风格预览档案

色彩特点	新古典主义的色彩艳丽大方，以白色、金色、银色、高饱和度色彩居多，以彰显空间华丽的气度
装饰图案	鸢尾图案、洛可可图案、巴洛克图案、大马士革图案、佩斯利图案等古典装饰图案
装饰材料	石膏花饰、木材、大理石、金属、软包、硬包、镜面、壁纸
特色家具	以实木描金家具最具有代表性，四柱床、布艺沙发、皮质沙发、床尾凳、弯腿家具等

新古典主义风格的色彩表现

〉华丽的金属色

金色、银色、铜色及黄色等金属色代表着贵气，被大量运用于家具、饰品、餐具等元素中，展现出18世纪中期欧洲文化气势宏大、富于动感的艺术境界。

金色的床头柜、茶色烤漆玻璃、金色收边条，营造出一个华丽的空间氛围。

▲ 金色边框的修饰，彰显了新古典风格家具及饰品的华丽感。

▲ 镜面的金色边框，是客厅中最华丽的点缀。

〉高饱和度的色彩

为了彰显雍容华贵的风格特点，新古典主义风格居室中多采用饱和度很高的色彩进行装饰，如紫色、红色、粉红色等。

▲ 高饱和度的蓝色点缀出空间华丽的色彩基调。

▲ 高饱和度的粉红色布艺软包，增添了空间的妩媚感。

新古典主义风格的装饰材料

〉石膏花饰

石膏花饰是将各式传统图案通过雕刻工艺施加在石膏板表面。在新古典主义风格居室中，常会用石膏花饰作为顶面装饰，能增强顶面的立体感及装饰感。石膏花饰的安装，区别于普通吊顶的制作方法和安装方法，石膏板浮雕吊顶不需要现场点焊和打胶，只需先装上吊杆和龙骨框架，再装上造型饰面板，即可完成安装。

▲ 石膏雕花线条经过描金处理，装饰效果更加奢华。

简洁的石膏花式线条，搭配圆形穹顶，彰显古典风格的恢宏气势。

〉金箔壁纸

　　金箔壁纸又称金属箔壁纸，是将金、银、铜、锡、铝等金属，经过十几道特殊工艺制成金属箔片，再用手工将箔片贴饰于壁纸表面。以金色、银色为主要色彩，具有光亮华丽的效果，能够营造出繁复典雅、高贵华丽的空间氛围。

〉雕花镜面

　　雕花镜面即在镜子上雕刻图案、花纹等，或是由雕花的各类相框与镜子组合而成。装饰图案绚丽不失清雅，生动不失精致。丰富亮丽的图案，灵活变幻的纹路，或充满古老的东方韵味，或释放出西方的浪漫情怀。

▲ 金箔壁纸装饰的圆形吊顶造型，华丽而富有层次感。

▲ 金箔壁纸在灯光的映衬下，显得更加奢华、大气。

▲ 茶色镜面的装饰，给空间营造出的氛围更华丽、更有层次感。

新古典主义风格的装饰元素

› 新古典主义风格装饰图案

　　巴洛克、洛可可、大马士革、佩斯利、卷草纹等传统经典图案的运用，更加突出了新古典主义风格居室高贵、优雅的气质，它们被大量运用于壁纸、布艺等装饰元素中。鸢尾花纹、月桂花纹、莨苕花纹等图案多用于家具、陶瓷饰品及空间造型的浮雕装饰中。表面会采用大量的鎏金或描银处理。

➡ 鸢尾图案、贝壳图案的浮雕，十分精致，彰显了新古典风格的精致品位。

› 新古典主义风格家具

　　新古典主义风格家具虽然摒弃了传统欧式古典家具的繁琐装饰，但仍保留了古典家具的设计造型，流畅的线条，搭配简化的实木雕花，既有古典的韵味，又有现代的设计感，功能性更强。新古典家具的类型主要有实木雕花、亮面烤漆、真皮、绒布面料等，整体色彩以金色、棕色、暗红色、银灰色等奢华色彩为主。

➡ 简洁的装饰线条搭配银漆饰面，流露出新古典风格家具的轻奢美感。

1. 雕刻实木家具

巴洛克图案的实木家具都带有比较繁复、奢华、精致的雕花，采用金色、银色描边或一些浓重色调的布艺，给人一种宫廷般金碧辉煌的感觉。

2. 兽脚家具

兽脚造型是古典家具的显著特点。兽脚家具独具匠心，四脚有繁复流畅的雕花，或带有金属的装饰，可从细节上提升整个空间的品质。

3. 高靠背座椅

采用涡卷花饰和车木构件的高靠背椅，座面与靠背都采用华丽的织物作为包面，造型优美、色彩华贵，尽显新古典主义风格的奢华与贵气。

▲ 纤细的弯腿家具，搭配精致的雕花及银漆，在灯光下熠熠生辉，十分华丽。

▲ 高靠背座椅华丽的布艺实木搭配精致的实木框架，诉说着新古典风格优美的格调。

▲ 茶几与沙发椅是兽腿家具的代表，形象逼真，线条优美精致。

〉新古典主义风格布艺

新古典主义风格居室的布艺色调淡雅、华丽，纹理图案十分丰富，材质多以精面、绒布、真丝、纯麻等较为华贵的面料为主。

▲ 华丽的绒布饰面沙发，色彩华丽，质感柔和。

◀ 精美的床品，图案精致、布料华丽，彰显了古典风格布艺的华丽气质。

〉新古典主义风格灯饰

新古典主义风格的灯饰继承了古典灯饰雍容华贵、豪华大方的特点，注重曲线造型和色泽上的富丽堂皇，多以华丽璀璨的材质为主，如水晶、亮铜、树脂等。华丽的装饰、浓烈的色彩、精美的造型，呈现出复古的装饰效果。

▲ 手工玻璃与金属结合的支架搭配白色布艺灯罩，精致而富有质感。

→ 梦幻璀璨的水晶吊灯，营造的氛围十分华丽。

〉新古典主义风格装饰画

　　色彩丰富、浓郁、立体感强是油画最突出的特点，新古典主义风格居室中的油画多以人物、风情或静物为题材，再搭配镀金画框，让新古典主义风格居室更加腔调十足。

〉新古典主义风格饰品

　　古典样式的烛台、剔透的水晶制品、银器、陶瓷描金茶具、流苏等装饰品，都能为新古典主义风格居室带来浓郁的怀旧气息，充分展现出文艺复兴时期的艺术特色。

↑ 人物为题材的油画，色彩丰富，有利于点缀空间的色彩层次。

↑ 水晶与树脂结合的小鸟造型工艺品，栩栩如生。

↑ 全铜的台灯支架带有浓郁的复古感；透明的玻璃沙漏展现出岁月静好的意境。

实战案例

[低调华丽的古典风韵]

暗暖色的壁纸搭配同色系的绒布沙发,以同色调的方式组合,通过不同材质来体现层次感,让视觉效果更丰富;不规则的金属茶几是空间装饰的亮点,材质与色彩都十分突出,为空间增添了无限的华丽美感。

[暗暖色的品质感]

高挑的空间给人带来大气的感觉，以暗暖色为基调的空间，增加了空间的品质感；两只蓝色单人座椅的点缀，流露出细腻又不失层次的美感；水波式的罗马窗帘，大气而柔美，增强了空间的装饰感。

[色彩层次丰盈的古典风格韵味]

高挑的客厅富有古典风格格调，灰蓝色的壁纸沙发与窗帘形成对比，带来了极具诱惑的复古摩登感；灯饰、布艺、花艺、家具等软装元素，呈现出丰盈的层次感，鲜艳丰富的色彩点缀出醉人的古典风韵。

[新古典主义的简洁美]

简洁的白色直线条与复古图案壁纸搭配,典雅而富有层次感;
宽大的绒布饰面沙发搭配银色实木框架,奢华大气;色彩丰盈
的装饰画、布艺抱枕、饰品,增添了空间的高贵感。

[灰蓝色调的雅致]

灰蓝色调的空间流出雅致的气质和格调;蓝色印花壁纸搭配白色护墙板,清新雅致;黑色烤漆
饰面的茶色搭配复古的弯腿造型,彰显了新古典家具的独特魅力。

[蓝色与金色的华丽韵味]

以米色调为背景色的餐厅中，餐椅选用高饱和度的蓝色搭配精致的金色雕花描金，形成颜色的互补，彰显出设计搭配的品质，也增加了奢华的韵味。

[经典的鸢尾造型]

带有鸢尾雕花造型的装饰，让餐厅的墙面呈现出更加丰富的视觉感；手绘墙画的色调与餐椅形成呼应，体现了整体感；精致的油画、灯饰、花束、饰品等元素的搭配，彰显出新古典风格的精致品位。

[来自水晶灯的华美感]

在浅色调复古的空间中，水晶灯是最好的装饰，银色水晶灯很好地衬托出空间的高雅气质，并增添了空间的复古华美感；复古的家具成为浅色调空间里的重点色，丰富了空间的色彩层次感。

[灯光让华丽的空间更显柔美]

卧室空间的整体色彩搭配得十分协调统一，极富美感；色彩华丽的水波式罗马窗帘，层次丰富，流苏的点缀更显华丽，与壁纸的颜色形成呼应，增强了空间的华丽感；白色护墙板为空间带来了洁净、优雅的美感；暖色灯光的映衬，为华丽的空间增添了柔美气息。

[温馨舒适的古典风格卧室]

大量的布艺元素，让古典韵味浓郁的卧室空间显得更加温馨舒适，营造出一个十分放松的睡眠空间；实木框架的软包床柜搭配简洁的金色线条，厚重而坚实，也彰显了古典家具的韵味。

[奢华而典雅的美感]

床头选用壁纸与护墙板作为装饰，灯光的映衬，衬托了装饰材料的质感；实木家具的选材与护墙板保持一致，为空间带来了极佳的装饰效果；精美复古的布艺床品，展现出了新古典主义风格奢华而又典雅的美感。

[简洁、优雅、柔和的背景色]

米色与白色的搭配，给人带来简洁、优雅、柔和的美感，壁纸上的蓝色复古图案，有效地提升了空间的色彩层次；墙面上壁纸与白色木线条的搭配，也让设计层次更加丰富，为新古典主义风格居室造就了简洁、大气的背景环境。

[巧用家具为空间进行功能划分]

利用整体书柜作为书房与其他空间的间隔，为阅读开辟出一个静谧而雅致的小天地，摆放整体的书籍及饰品，体现了主人一丝不苟的生活习惯；古典书桌、座椅的设计线条优美流畅，给人的感觉厚重而坚实，充分展现了新古典家具的格调。

第六章　现代欧式风格居室

现代欧式风格更多地表现为实用性和多元化，它秉承了古典欧式风格的优点，彰显出欧洲传统的历史痕迹和文化底蕴，同时又摒弃了古典风格过于繁复的装饰，以现代简约的线条为基础，打造出简洁大方又不失华美的居室氛围。

🎓 **现代欧式风格预览档案**

色彩特点	现代欧式风格的色彩简约中带有柔美、华丽的格调；常用的配色方案有白色系、无彩色+紫色、紫色、茶色、无彩色+蓝色、米色系等
装饰图案	以简单菱形、井字格居多，或简化的卷草纹、鸢尾图案、大马士革图案、佩斯利图案等
装饰材料	大理石、皮革、木材、壁纸、乳胶漆、不锈钢、玻璃
特色家具	布艺沙发、皮质沙发、贵妃榻、四柱床、兽腿家具、柱腿家具等实木家具

现代欧式风格的色彩表现

〉白色系为主色

现代欧式风格的配色不宜选择过于厚重、华丽的色彩为主色调，可以选择暖白色、奶白色、象牙白等较为轻快的白色系来装饰空间，以此营造出一个简洁、从容的居室氛围。

奶白色、纯白色的空间，简约优雅，彰显出现代欧式风格从容的生活态度。

〉紫色/茶色等古典色的点缀

孔雀绿、宝蓝、紫色、茶色、咖色等古典色系，可以有效地提升空间色彩的层次感，为现代欧式风格空间增添一份大气、典雅的美感。

宝蓝色的布艺软包，是卧室中的装饰焦点，与白色形成鲜明的对比。

现代欧式风格的装饰材料

〉全抛釉瓷砖

全抛釉瓷砖的釉面光亮柔和，平滑不凸出，晶莹透亮；釉下石纹纹理清晰自然，整体层次立体分明；花纹色彩繁多，能够体现出欧式风格典雅、华丽的特点。

➔ 精美的图案，让浴室的地面装饰效果更加丰富。

▲ 石膏板雕花装饰的楼梯顶面，从细节中彰显了现代欧式风格精致的生活品位。

⟩ 石膏板雕花

石膏板表面的雕花通过将简化的欧式古典图案与现代工艺相结合的设计手法来实现，具有很强的装饰效果，能够很好地展现出现代欧式风格家居的轻奢与精致。

⟩ 皮革软包

软包质地柔软，色彩柔和，能够柔化整体空间氛围，其纵深的立体感也能提升家居档次。软包除了具有美化空间的作用外，还具有吸声、隔声的功能。

▲ 软包与软包床的搭配，令整体氛围更温馨。

▲ 灰色调的软包，质感华丽，造型简洁大方。

现代欧式风格的装饰元素

〉现代欧式风格装饰图案

　　现代欧式风格空间内对菱形的运用可以说是随处可见，菱形的镜面、软包、地砖、壁纸，甚至可以运用在地毯、窗帘、抱枕、床品等软装元素上，彰显了现代欧式风格简约明快的新特征。除此之外，大马士革、佩斯利、卷草纹、鸢尾等传统图案，也很符合现代欧式风格大方、华丽的特点。

▲ 简洁的装饰图案，让空间的装饰效果呈现出现代欧式风格简约大气的美感。

〉现代欧式风格布艺

　　选择现代欧式风格布艺元素的色彩、花色图案，主要应遵从室内硬装和墙面的色彩，以温馨舒适为主要原则。比如淡雅的碎花布料比较适合浅色调的家具；墨绿、深蓝等色彩布料对于深色调的家具是最佳选择。布艺面料的材质多以华丽的织锦、绣面、丝缎、薄纱、棉麻为主。

▲ 鸢尾图案的布艺床品，色彩十分华丽。

▲ 简洁的菱形图案抱枕，搭配出现代生活的精致品位。

〉现代欧式风格家具

现代欧式风格家具的造型大多是以直线和矩形为基础,并把椅子、桌子、床等家具的腿设计成或带有直线凹槽的圆柱形,或纤细的弯腿形,家具的整体呈现复古又具有现代简约的美感。

1. 欧式皮革沙发

以柔软舒适皮革作为沙发的饰面,与现代欧式风格装修理念相结合,散发出欧式特有的轻奢感。皮革沙发表面柔软温润,触感细致柔滑,而且使用越久,皮革会越软,更加舒适。

2. 欧式高背床

高背床的线条优美,舒适且装饰效果好,床头部分多采用木质雕花装饰或以菱形软包的形式出现,给人一种高贵、典雅的视觉感受。

▲ 卷边造型的皮革沙发,淡淡的奶白色,洁净优雅。

▲ 白色实木边框搭配米白色软包,使软包床给人的整体感觉干净清爽。

▲ 贝壳造型的软包靠背床,浅灰色为主色,黑色边线的修饰,层次感极佳,装饰效果时尚。

▲ 造型简洁的软包床色彩淡雅,时尚、华丽。

〉现代欧式风格灯饰

简欧风格灯饰的外形摒弃了古典欧式灯饰的繁复造型，也不同于新古典主义风格的雍容华贵，它的造型简约、大方。在材料选择上比较考究并多元化，如铁艺、布艺、陶瓷、水晶等，色调古朴淡雅，十分符合现代人的审美情趣。

〉现代欧式风格饰品

现代欧式风格居室中的饰品选择十分考究，讲求营造一种休闲、精致的小资氛围。在饰品的陈列上要注意构件不同的层次感，如小烛台和半高烛台的搭配，或是落地的大型植物与精致的桌面花艺的搭配等，充分展现丰富的艺术气息。

▲ 圆形吸顶灯，璀璨的水晶装饰，华丽而大气。

▲ 洁白的花束、金属材质的工艺品，象征着太阳的装饰镜面，点缀出现代欧式风格精致的生活品位。

▲ 太阳形状的装饰镜面，别致新颖，体现出现代欧式风格时尚华丽的特点。

实战案例

[灯饰的搭配尽显华丽与气派]

米色与白色作为客厅的主题色，整体给人的感觉简洁、大气；空间中的硬装部分看起来十分简约，以直线条为主，彰显现代居室的大气之感；围坐式摆放的皮质沙发搭配金属与大理石的椭圆形茶几，彰显了现代欧式风格家具的品位；灯饰的设计运用是整个空间装饰的亮点，巨大的水晶吊灯，造型新颖别致，搭配筒灯、壁灯，形成十分丰富的光影效果层次，彰显了现代欧式风格居室的华丽与气派。

[简洁、优雅、大气的现代欧式风格]

电视背景墙的设计简洁大方，用素白色大理石作为装饰材料，搭配亮色的灯带，使石材的视感及纹理更加突出，也彰显了现代欧式风格居室选材的考究；灰色+白色+黑色的色彩搭配也是现代欧式风格居室的经典配色，以白色为主色，少量的灰色与黑色点缀其中，提升了空间的色彩层次，营造出一个简洁、优雅、大气的现代欧式风格居室。

[选材考究的现代欧式风格居室]

米色网纹大理石在现代欧式风格居室中的运用十分常见，能够营造出一种简约、温馨的空间格调；沙发背景墙采用米色网纹大理石搭配布艺软包，充分利用软包柔软的触感来缓解石材的硬冷之感，在视觉上达到一定的平衡感；布艺沙发的色调与墙面石材保持一致，形成了视觉的统一感，金色边框的修饰提升了空间的层次感，也彰显了欧式风格居室的精致品位。

[丰富多彩的现代欧式风格居室]

沙发贝壳形状的靠背设计为现代欧式风格居室增添了一份古典气息；金属与白色大理石组合的茶几造型简约时尚，十分富有现代家具的特点；古典图案的手工地毯，提升了整个空间的色彩层次，也带来强烈的古典主义情调，彰显出现代欧式风格选材的多元性与美感。

[镜面与灯光的搭配]

米色护墙板与镜面的搭配，为空间带来了视觉上的扩充感，在灯光的配合下，光影效果更加丰富；客厅中的家具主要以简洁的现代家具为主，X形支架的坐墩与边几、柔软的布艺沙发、简洁大方的电视柜，都充分展现了现代家具的特点。

[静谧的现代欧式餐厅]

餐厅在硬装的设计上十分简约，淡淡的蓝色墙漆搭配白色踢脚线，宁静而雅致，木纹地砖清新的纹理，温润的色彩则为空间增添一份暖意；餐桌椅的设计简洁中带有一丝复古意味，黑色饰面搭配银色边框，色彩对比明快，成为空间中最抢眼的装饰，也让空间重心更加稳固；精美的仿象牙饰品、花束、墙饰、装饰画、灯饰的精心搭配，体现了欧式生活的精致品位。

[餐厅的质感体现]

餐厅的装饰非常简约但极富质感,浅卡色的壁纸搭配简约抽象的装饰画,简洁大方;餐边柜的格局十分对称,整齐摆放的饰品彰显了主人的品位;设计造型简洁的餐桌椅是整个空间的主角,深色实木给人坚实厚重的感觉,增添了空间的稳定感;精致的花束增添了空间的趣味性与观赏性。

[现代欧式风浪漫情调]

淡雅的白色作为空间的主题色与背景色,让空间呈现简洁、优雅的视感;淡淡的粉色软包点缀其中,增添了一份柔和与浪漫的情调,搭配梦幻斑斓的吊灯、璀璨的水晶饰品、柔软的布艺床品,整个卧室呈现出饱满而丰盈的视觉效果。

[层次丰富的现代欧式风格卧室]

卧室空间的设计简约而富有层次感，床头墙面采用软包与镜面结合的手法作为装饰，一冷一热的材质对比，一深一浅的颜色对比，充分体现了空间搭配的层次感；纯棉质地的床品精致柔软，精美的花纹彰显了生活的品位；床头暖色的灯光既保证了空间的照明，又烘托出空间温暖舒适的基调。

[简约温馨的卧室氛围]

软包装饰的墙面，增添了卧室的温馨感，镜面收边条的修饰，彰显了设计的层次感；华丽的灯饰组合，为空间提供了更富有层次的光影背景，增添了空间的高贵感；白色床品为暗暖色空间增添了一份简洁与明快之感。

[白色系的简洁与优雅]

以白色系为主题色，是现代欧式风格居室配色中的经典配色，奶白色的软包床搭配白色床头柜，营造出一个简约而优雅的睡眠空间；床头印花壁纸的运用，缓解了白色的单一感，复古的花纹也为空间注入一份怀旧之感。

[现代欧式的简洁与优雅]

以浅色调为背景色的卧室空间内，紫色布艺软包床增强了空间的色彩层次，设计线条优美流畅的古典家具也增强了空间的设计感；淡紫色的布艺窗帘与软包床形成深浅对比，为空间带来了优雅的气质。

[温暖的环境背景色]

跌级造型的顶面设计，在灯光的映衬下，显得层次更加丰富；暖色木纹墙纸与硬包的颜色保持统一，造就出一个温馨、舒适的环境背景色；黑色烤漆边柜、软包床、地毯、工艺品等软装元素的精心布置，方便日常生活的使用与观赏。

[温馨的卧室空间]

米黄色与白色的搭配，营造出一个简洁温馨的空间基调；米黄色皮革软包装饰的床头墙，搭配黑白色调的装饰画，丰富了空间的色彩层次；雕花镜面在灯光的映衬下，显得装饰效果更佳；精致的台灯、花束、布艺等软装元素，丰富空间色彩的同时，又给人带来美的感受。

[现代欧式的奢华之感]

镜面与金属线条组合装饰的走廊墙面，给人带来华丽的视觉冲击感，彰显了现代欧式风格奢华的一面；地砖的撞色拼贴，让地面呈现的视觉感受更加饱满。

[充足的光源]

茶色镜面与射灯的搭配，让洗漱间的照明更加充足，既保证了使用的舒适度又具有一定的装饰效果；精美的花束及饰品的摆放，让硬朗的空间多了一份生活气息。

[黑白对比的明快感]

整个空间以白色+黑色作为主色，色彩对比明快，少量的黑色点缀在大量的白色中间，一方面缓解了白色的单一感，另一方面也避免了黑色过渡而产生的压抑感；黑色皮革长凳在铆钉的修饰下更有立体感，展现出现代欧式家具的复古情怀；造型简洁别致的玄关柜，表面呈淡淡的灰色，搭配几幅随意摆放的装饰画，为看似高冷的空间点缀出生活气息。

第七章　传统美式风格居室

传统美式风格居室的装饰设计带有一种粗犷、未经加工或二次做旧的质感和年代感，它借鉴了古典主义和新古典主义风格的元素和特点，主要采用坚硬、华丽的材质，亮色较少，窗帘和壁纸等装饰元素也多会选用柔和色彩，以便营造出温馨、古朴的空间气质。

🎓 传统美式风格预览档案

色彩特点	传统美式风格的色彩较为沉稳，主色调有暗红色、褐色、棕红色等，常见配色方案有大地色系、大地色+绿色、大地色系+米色、大地色系+多彩色等
装饰图案	以植物图案为主，如大花图案、小碎花图案等，或佩斯利、大马士革等古典图案；结构造型以藻井造型、拱形居多
装饰材料	硅藻泥、壁纸、乳胶漆、木材、大理石、板岩砖、文化石、仿古砖、木地板
特色家具	实木古典家具为主，如柱腿家具、兽腿家具等，皮质沙发、布艺沙发

传统美式风格的色彩表现

› 大地色系组合运用

　　大地色系可以增添空间的古典韵味和厚重感，以低明度、高饱和度的大地色系作为居室的主色调。如墙面、地面以及家具都可以选用不同深浅度的棕色、米色、咖啡色或茶色等大地色，再通过不同材质的色彩表现来凸显层次，营造出一个古朴、厚重的传统美式风格空间。

➤ 大地色系组合运用，座椅、抱枕、茶几、灯饰，多种不同的色彩明度体现层次感。

＞大地色+绿色

　　大地色与绿色的组合运用可以彰显传统美式风格居室厚重、宽大、自然的特点。通常以大地色作为背景色或主题色，而绿色仅体现在窗帘、抱枕、坐垫、地毯的软装元素中，这样既不会破坏空间的整体感，又能为传统的美式风格注入新鲜感。

➡ 绿色壁纸的点缀，让沉稳的色彩空间多了一份清爽质感。

传统美式风格的装饰材料

＞木饰面板/墙裙

　　传统美式风格空间内的墙裙多以木质饰面板或彩色涂料为主。木质墙裙多以棕黄、棕红等木色为主，搭配错层造型的木质线条，让空间更有层次感。

➡ 棕红色护墙板与浅咖色壁纸搭配，上浅下深，让空间的重心更加稳固。

＞木装饰横梁

裸露的木质横梁，线条粗犷有力，给人以坚固的感觉。粗糙的肌理、原木的颜色就是很好的选择。既可大面积使用，也可以只在局部点缀运用。

▲ 棕红色木横梁与护墙板的色调保持一致，体现空间搭配的整体感。

＞木格栅吊顶

传统美式风格空间运用格栅式造型作为吊顶的装饰，常用于走廊、玄关、餐厅、客厅等居室空间。它不仅能美化空间顶部，同时能够达到调节照明、增加居室整体装饰效果的目的。木材的色彩可根据空间的大小、高低、明暗来进行选择。

◀ 尖顶造型的顶面设计，可以通过木质横梁与格栅吊顶来缓解顶面的空旷感。

› 文化石

文化石的材质坚硬，色泽雅致，纹理丰富，风格迥异，装饰效果极富原始、自然、古朴的韵味。优质文化石质地轻，色彩丰富，不霉、不燃，抗压性好，便于安装。

➡ 文化石装饰的沙发墙面，通过白色填缝剂的修饰，层次分明、古朴感油然而生。

传统美式风格的装饰元素

› 传统美式风格装饰图案

传统美式风格空间中，所有欧式风格的造型，比如拱门、壁炉、廊柱等，都可以在传统美式风格的硬装造型中运用，其装饰线条较为简洁，体积也比欧式风格要小。此外，大马士革、佩斯利、卷草纹、莫里斯等传统图案以及充满自然趣味的大朵花卉或小碎花图案，则被较多地运用于传统美式风格布艺或壁纸中。

➡ 简易的壁炉装饰、拱形的玻璃窗，彰显了传统美式风格居室的造型特点。

〉传统美式风格家具

传统美式风格家具最迷人之处在于造型、纹路、雕饰和细腻高贵的色调。用色一般以单一的深色为主,强调实用性的同时非常重视装饰,使整体家居氛围更显稳重优雅。

1. 实木家具

传统美式风格的实木家具精雕细琢,工艺精湛,很好地缓解了传统美式风格家具带给人的粗笨感觉。

2. 做旧皮质沙发

将皮质沙发经过做旧处理后,粗犷中带有一丝温柔的感觉,搭配沉稳的深棕色或浅棕色,将传统美式风格的韵味表达得淋漓尽致。

3. 美式老虎椅

老虎椅是美式风格里一个很经典的元素,它是一款运用皮艺或者布艺搭配实木框架构成的沙发椅,靠背宽大,具有很强的舒适度,能够极好地舒缓人们的身心压力。可以在阳台或者角落里放置一把老虎椅,营造出悠闲自在的空间氛围。

▲ 柱腿式实木家具,沉稳、厚重、坚实。

▲ 柱腿式老虎椅,做工精致,星条旗作为靠背图案,更显美式韵味。

◀ 做旧的皮质沙发最能体现传统美式风格老旧、内敛的视觉感。

›传统美式风格布艺

　　传统美式风格居室中的窗帘、地毯、床品等布艺元素的装饰图案多以大朵的花卉为主,如月桂、莨苕、大朵玫瑰等图案。色彩以自然色调为主,酒红、墨绿、土褐色等最为常见,设计粗犷自然,面料多采用手感舒适、透气性好的棉麻材质。

↑ 柔软的布艺与幔帐,保证了舒适的睡眠。

↑ 布艺元素的色彩及花纹清秀淡雅,为传统美式风格居室增添了自然韵味。

›传统美式风格灯饰

　　传统美式风格灯饰比较注重古典情怀,材料选择较为考究也十分的多元化,有铁艺、树脂、铜质、水晶、陶瓷等,常以古铜色、亮铜色、黑色铸铁为灯具框架,搭配暖色的光源,形成冷暖相衬的装饰效果。

↑ 纯铜搭配陶瓷,考究的选材,精湛的工艺,体现出传统美式灯饰的特点。

〉传统美式风格装饰画

传统美式风格居室中的装饰画可以选择以自然景物为描绘对象的油画。绘画题材可以分为山水风景、蓝天白云、日出日落以及绿色或金色的麦田等风景画。

〉传统美式风格饰品

传统美式风格居室内的配饰摆件偏爱仿古做旧的艺术品，如一本手工制作的古旧书籍，一根充满古典韵味的羽毛笔，做旧的铜质烛台，褐色的木质画框等，这些都可以作为传统美式风格空间中的装饰品。

▲ 随意摆放的工艺品，岁月静好。

▲ 做旧的花器、仿古的收纳箱、油画等元素，流露出悠远而从容的生活态度。

实战案例

[传统美式坚实厚重的基调]

坚实厚重的家具,强化了传统美式风格居室沉稳厚重的风格特定,大量的布艺元素也增添了空间的舒适度;平衡悬挂的装饰画是美式风格居室中常用的装饰手法,也为简洁的墙面设计增添了层次感;传统的瓷器花瓶以及花束摆放在厚实的实木茶几上,与空间的其他元素相互关联,形成了饱满的色彩构图,勾勒出一个祥和充满生活气息的居室氛围。

[美式风格的传统韵味]

以浅色为背景色的空间内，家具的选择以深色为主，沙发的布艺色彩增加了空间的色彩层次感；深棕色实木家具的设计线条优美流畅，与顶面的木横梁形成呼应，增加了空间的色彩厚重感；连续的拱门造型、经典的复古图案，使空间看起来充满传统韵味。

[软装点缀丰富的生活空间]

敦实、厚重、极富质感的实木家具是整个空间装饰的亮点，充分展现了传统美式家具的特点；柔软的沙发及抱枕、地毯等布艺元素，为空间带来一份简约、柔和的美感；巨幅装饰油画与花束形成呼应，使空间看起来充满生机活力。

[深色家具与浅色背景的巧妙搭配]

传统美式风格居室中的木质家具通常以深色为主，为了避免给小空间带来压抑感，墙面、地面的颜色通常会选择浅色或白色来化解这种沉闷；简洁的壁炉造型增添了白色墙面的设计层次感，搭配精美的花束植物，给空间带来了生机勃勃的视觉感受；布艺元素的点缀在整个空间中不可或缺，沉稳华丽的色调增添了空间的装饰效果，布艺短沙发的花色与窗帘保持一致，更加体现了空间搭配的用心，让空间看起来更加稳重大气。

[简约与复古的完美结合]

客厅的硬装设计非常简约，简洁的墙面采用壁纸与白色护墙板作为装饰，再通过灯光的映衬来体现材质的质感；客厅选择了复古的美式家具，给空间带来了丰富的细节质感。

[质朴、自然的美式乡村格调]

木饰面板装饰的沙发墙,营造出美式乡村风格质朴、自然的美感;柔软舒适的布艺沙发搭配美式古典家具,给空间带来了经典厚重的美感;精美的瓷器摆件、铁艺饰品、花束及布艺元素的点缀,十分符合美式风格的生活基调,让整个空间更加舒适自然。

[美式风格对壁炉的钟爱]

壁炉在传统美式风格居室中是不容替代的元素之一,简洁的造型,使空间充满了庄严的仪式感;深色皮质老虎椅与浅色调的茶几及贵妃榻形成色彩与材质上的鲜明对比,营造出一个富有层次感又舒适的空间氛围。

[优雅低调的传统美式风格餐厅]

原始的木质元素,营造出传统美式风格低调内敛的风格特点;实木家具给人坚实厚重的感觉,与垭口及地板的颜色形成呼应,体现了软装与硬装搭配的整体感及协调性;餐桌上精美的花束点缀出空间无限的生机感。

[传统美式的华丽韵味]

餐厅墙面采用花鸟图案的工笔画作为装饰,为餐厅展现了别样的韵味;坚实厚重的实木餐桌椅为空间带来饱满、沉稳的视觉感;华丽的水晶吊灯与筒灯搭配,形成的光影效果璀璨而梦幻,为沉稳的用餐空间带来一份华丽的美感。

[淳朴自然的传统美式格调]

绿色与质朴的老式家具的搭配,是传统美式风格居室中的经典搭配;淡绿色的墙漆搭配深棕色的家具,淳朴、自然,精美的花束是不可或缺的装饰元素,能给人带来一种自然舒适的视觉感受。

[传统美式风格的沉稳大气]

舒适、大气的传统美式风格家具,保留了古典家具的色泽和质感,为空间带来浓郁的复古情怀;浅咖色的壁纸搭配深色护墙板,营造出一个沉稳、大气的空间氛围。

[温暖和煦的空间氛围]

古朴厚重的柱腿式家具，为空间注入了浓郁的传统美式韵味；暖白色调的布艺元素与墙面形成呼应，造就出一个温暖、和谐的空间氛围；广角窗的运用，让卧室的采光更加充足，阳光照射在室内静静摆放的家具上，呈现出一个充满自然、崇尚自由的美式空间。

[传统美式的浪漫情调]

大地色系组合搭配的卧室空间，营造出一个沉稳、安逸的空间氛围；床头两盏暖白色调的台灯，点缀出柔和的空间基调，白色纱帘在阳光的映衬下，显得格外富有浪漫情调。

[乡村美式的魅力]

厚重的大地色营造出传统美式风格稳重、大气的美感；绿色与浅咖啡色相间的格子为卧室增添了一份乡村美式的韵味，搭配碎花壁纸，流露出自然而纯朴的乡村气息。

[经典的美式格调]

精致的木质家具在金属镶边的修饰下，更具有复古感；碎花图案的布艺老虎椅点缀出空间的丰富色彩层次；复古的灯饰、鹿头墙饰、工艺品等元素的点缀，强化了空间的美式风格基调。

第八章　现代美式风格居室

现代美式风格居室中的硬装造型摒弃了
传统美式风格的繁复，将硬装造型减到
最少，而把大部分精力放在后期软装上。
造型简洁的现代美式家具、跳色的软装配
饰、清新的绿植摆件等，都能营造出一个
极具包容性的现代美式空间。

现代美式风格预览档案

色彩特点	现代美式的色彩更丰富、更年轻化，居室通常以白色调为主，常见配色有大地色+白色、白色系+多彩色系、白色系+木色等
装饰图案	小碎花、横条纹/竖条纹、格子、米字旗等装饰图案；硬装结构以拱门造型最为常见
装饰材料	木材、玻化砖、板岩砖、仿古砖、青砖、红砖、乳胶漆、壁纸、玻璃、金属
特色家具	简化的实木家具，如箱式、柱腿式等；布艺沙发、皮革沙发、铁艺床、老虎椅等

现代美式风格的色彩表现

〉木色+粉色系

　　木色系与粉色系的搭配可以为美式风格居室增添一份浪漫气息，粉红色、粉蓝色、粉绿色或紫红色作为空间立面的主色，与充满自然气息的深木色或浅木色相搭配，既弱化了粉色调的甜腻感，又能让人感受到现代美式风格的温馨自然气息。

➜ 粉红色的壁纸为空间带来一份妩媚与浪漫的气息。

› 大地色+白色/米色

素雅、古朴的大地深色系既带有乡村风格的惬意，又能彰显复古的情感，与白色调搭配运用，可以更加突出美式风格居室清新、自然的质感。

➡ 白色纱帘、陈列柜的运用，很好地调和了大地色系的单调与沉闷。

› 大地色系+彩色

现代美式风格以原木自然色调为基础，一般以白色、红色、绿色等色系作为居室整体色调，而在墙面与家具以及陈设品的色彩选择上，多以自然、怀旧、散发着质朴气息的色彩为主，如：米色、咖啡色、褐色、棕色等。整体色彩朴实、怀旧，贴近大自然。

客厅中的色彩主要来源于布艺元素，丰富的色彩及图案，点缀出空间的色彩层次。

现代美式风格的装饰材料

〉浅色仿古砖

　　即便是浅色调的仿古砖颜色也比其他地砖要深，如果可以采用斜拼拼花的方式进行铺装，便能在视觉上给地面装饰造型带来一丝活力，缓解沉闷感。

▲ 浅色仿古砖装饰的地面，颜色不会太过沉重，带有一丝淡淡的古朴味道。

〉淡纹理亚光砖

　　亚光砖色彩柔和，遇强光不会产生反射，因此对人的视力有一定的保护作用。淡纹理亚光砖多被用于美式、混搭、地中海、田园等崇尚自然、强调舒适的风格空间中。

➔ 亚光墙砖装饰的卫浴间，给人的感觉柔和、温馨。

⟩实木装饰线

实木装饰线在顶面的装饰中是必不可少的材料。因为有的居室层高比较高，顶面会显得比较空旷，所以在顶棚与墙面之间装饰一圈角线，便可以很有效地缓解视觉上的落差感。

⟩硅藻泥壁纸

硅藻泥壁纸的色彩柔和，不易褪色，同时有净化空气的作用。因此，硅藻泥壁纸不仅有良好的装饰性，还具有十分强大的功能性，适用于追求环保、崇尚自然的现代美式风格居室。

▲ 实木线条与木质吊顶的颜色保持一致，为空间增添一份古朴之感。

▲ 浅米色硅藻泥，连续的拱门造型，彰显出美式风格从容精致的生活态度。

▶ 淡蓝色硅藻泥装饰的墙面，与白色护墙板搭配，整体感觉柔和中又带有一份浪漫感。

现代美式风格的装饰元素

〉现代美式风格装饰图案

经典的拱门造型在现代美式风格居室中得到完美体现。拱门造型可作为墙面、门套、垭口等多处的装饰造型，充分表现出美式风格空间温暖、亲切的格调。此外，各种繁复的花卉植物、靓丽的异域风情和鲜活的鸟虫鱼图案很受欢迎，舒适及随意。

〉现代美式风格布艺

现代美式风格居室中的布艺软装饰是整个家居中最主要的装饰元素，通常以棉、麻等天然织物为主，图案一般有形状较大的花卉、经典的欧式花纹、英伦格子、条纹等，色彩一般选用米白、米黄、紫色、土褐、酒红、墨绿、深蓝等色调。款式简洁明快，实用性强。

▲ 拱门的线条优美，增添了空间结构的美感。

▲ 淡绿色格子抱枕，为大地色系空间增添一份自然气息。

▲ 浅咖色的布艺沙发、格子及简易花卉图案的抱枕，空间的整体感觉清新淡雅。

〉现代美式风格家具

现代美式风格居室中的家具，既带有古朴、雅致的实木雕花装饰，又融入了大量的现代元素。

1. 美式布艺沙发

布艺沙发舒适自然，休闲感十足，容易令人体会到家居放松的感觉。在美式风格中多采用浅色布艺或带有碎花图案的布料，以突出亲切、自然的风格特点。

2. 做旧木质家具

斑驳、泛白的做旧木质家具是美式风格中最常见的装饰元素。通过做旧处理的家具能够很好地体现出一种艺术的沧桑感。

3. 实木雕花家具

现代美式风格中的实木家具雕刻简约，只在腿足、柱子、顶冠等处雕花点缀，不会有大面积的雕刻和过分的装饰，更讲究格调和舒适性。材质一般采用胡桃木和枫木。

▲ 围坐式布艺沙发，色调淳朴自然。

▲ 柱腿式实木家具，坚实稳固。

▲ 浅灰色布艺沙发，为现代美式风格居室增添时尚感。

▲ 做旧处理的玄关柜，精致的描画增添了复古感。

›现代美式风格灯具

现代美式风格灯饰的造型更加简洁，材质以铜质、铁艺、陶瓷、玻璃为主。亮铜的支架搭配白色磨砂玻璃灯罩，外观简约大方，搭配暖色光源，更注重休闲和舒适感。

›现代美式风格装饰画

油画、水彩画、水粉画、版画都可以用于装饰现代美式风格空间，画品的色彩选择应尽量兼顾与室内其他元素的搭配，切勿让过浓或过艳的色彩打破空间色彩的平衡感与和谐感。

›现代美式风格饰品

花艺盆栽、水果、瓷器制品、铁艺制品等都可以作为现代美式风格空间中的装饰品。这些饰品的随意搭配可呈现出现代美式精致细腻而又自由浪漫的空间格调。

▲ 简易的铁艺吊灯，设计造型别致，黑色灯架搭配乳白色玻璃灯罩，装饰效果极佳。

▲ 蓝色主题的水粉画，简洁大方，为空间增添艺术感。

◀ 缠枝花图案的将军罐，蓝白色调，复古情怀浓郁。

实战案例

[充满自然活力的现代美式居室]

客厅的色彩明亮舒适，淡淡的米黄色墙面、素雅的布艺元素、不加任何修饰的木色实木家具搭配得简约而舒适；客厅的设计亮点在于将自然主义情调贯穿其中，以绿色、黄绿色作为软装点缀，使得空间春意盎然，充满自然活力。

[简约大气的温馨客厅]

简约大气的客厅设计弱化了美式的沉重感，白色陈列柜线条简洁，既带有现代家具注重实用性的特点，又具有良好的装饰效果，浅咖色的布艺沙发、木色地板、深棕色茶几及黑色条纹地毯，深深浅浅的色彩搭配赋予空间极佳的层次感。

[休闲感十足的现代美式居室]

客厅整体低调，气质十足，电视墙设计成简化的壁炉造型，将白色作为空间的环境背景色，与米色调搭配，营造出一个简洁、优雅、静谧的空间氛围，黑色实木家具的点缀，让视觉更有层次感，暖色的灯光让休闲感十足。

[跳跃的色彩氛围]

客厅采用大面积的蓝色乳胶漆来装饰沙发墙面，装饰意味浓厚，黄色懒人沙发与其形成互补；跳跃的彩色抱枕点亮了整个空间。

[岁月静好]

良好的采光使空间更为通透，米白色的环境背景色搭配深木色家具，勾勒出现代美式的优雅和从容；做旧的皮革沙发与休闲的布艺老虎椅、椭圆形茶几上随意摆放的花束，营造出一个岁月静好的空间氛围。

[从容惬意的美式生活]

整个客厅以浅色为主，空间感强，对称布局装饰线的简单呈现，为墙面的设计增添了层次感；浅色调的家具相互衬托，让居室氛围更显放松；工艺品、灯饰、花艺等软装元素的色彩十分丰富，增添了空间的活跃感；温暖的阳光透过轻飘的白色纱帘，让人倍感舒适，彰显了美式生活从容惬意的氛围。

[白色的魅力]

小客厅以白色作为背景色,给人以视觉上的扩张感;浅咖色的布艺沙发,宽大厚实,让使用更加舒适;深色木质茶几与浅色的沙发形成互相衬托,使空间的整体氛围更加放松。

[美式生活的理性与优雅]

高级灰是十分富有质感的色彩,客厅空间以浅灰色为主调,沉稳大气;搭配浅灰白色的绒布沙发、米白色茶几以及白色实木电视柜,整个空间展现了独特的理性与优雅;墙面的三联装饰画,则为空间注入自然的活力。

[轻松愉悦的午后阳光]

通透的落地窗保证了客厅的良好采光，白色纱帘轻柔曼妙，增添了空间的美感；米白色的布艺沙发搭配色彩典雅素净的布艺元素，使整个空间散发着轻松愉快的气息；蓝色调的地毯及窗帘则为空间营造出一个静谧舒适的氛围。

[现代美式的安逸与优雅]

以白色为主色的空间内，同时融入了沉稳的色调，让整体空间富有层次感；球形铁艺吊灯、白漆饰面的实木家具、精致复古的座椅等，将美式风格元素融入其中，营造出一个安逸、沉稳、优雅的空间氛围。

[简洁而富有内涵的美式空间]

米白色为背景色的餐厅内，深色作为家具的主体色，提升了空间的层次感；地板的选材及细节处理，让整个空间的美式韵味更加浓郁；两盏对称悬挂的吊灯简约中流露出质朴的美感，搭配鲜艳的花束，营造出美式空间的节奏感与明快感。

[时尚的美式风格]

餐厅中经典黑色与白色的搭配，给人简洁明快的视觉感受；白色柱腿式餐桌，简约怀旧，搭配精心挑选的吊灯、墙饰等元素，将现代的时尚感完美带入美式生活中。

[开放空间的合理布局]

餐厅与厨房相连，在空间布局上合理紧凑，两个区域采用半开放式布局，大气美观；浅色调的背景色，让空间的整体基调更加干净整洁；深色木质餐桌很好地强调了空间的稳重感，也体现出美式风格质朴、典雅的特点。

[简约典雅的卧室]

卧室硬装设计相对简约，墙面采用素色乳胶漆作为装饰，配上白色石膏线，淡雅而富有层次感；套装实木家具的运用显得十分用心，简约的造型中流露出复古的韵味；利用灯饰、装饰画等元素的衬托与点缀，将古典美式元素完美地带入其中，使整个卧室看起来十分典雅大气。

[优雅现代的美式韵味]

蓝色调的现代美式风格卧室，棕红色实木家具为空间带来了沉稳、厚重的美感；床头背景墙采用蓝色带有古典纹样的壁纸作为装饰，搭配白色实木线条，使得整个空间现代而又不失美式韵味。

[美式的温情与格调]

以淡淡的婴儿蓝为基调的现代美式卧室，深棕色与白色结合的家具，简约大气，是空间内最抢眼的装饰；淡色调的壁纸营造的背景色环境，显得分外清爽；通透的白色纱帘为空间带来轻飘的美感；精致的饰品、柔软的床品，为空间增添了艺术氛围与趣味性。

[素雅温馨的情调]

卧室墙面采用素色壁纸作为装饰,搭配白色的石膏线条,简约大方;浅卡色的软包床,十分富有现代感;壁灯与吊灯的组合搭配,暖暖的灯光,让空间整体温馨而富有情调。

[童心荡漾的卧室]

米色调装饰现代美式空间,令整个空间更显明亮;深棕色实木家具的运用,增添了空间的古朴感;床品的色彩十分丰富,极具吸引力,无处不在的童趣图案,为空间带来无限的感染力。

[干净纯净的美式书房]

现代美式风格空间,以白色作为背景色,总能给人带来干净纯洁的美感;嵌入式书柜以拱门式造型设计,更加尊崇了美式风格的设计特点;做旧的实木书桌也很好地体现了美式家具的特点;纯铜的台灯、精美的工艺品,体现出了美式风格的精致格调。

第九章　法式风格居室

法式风格多以开放式的空间结构、室内随处可见的花卉与绿色植物、雕刻精细的法式家具为特色，表现出追求精致与自然回归的设计理念。配色以白、金、深色的木色为主调，以呈现法式风情浪漫、淡雅的格调。

🎓 法式风格预览档案

色彩特点	法式风格的色彩轻盈淡雅，以白色系、粉色系、蓝色系、紫色系、金色、银色运用居多，常见色彩搭配方案有白色系+粉色、白色+蓝色、白色+米色+金色等
装饰图案	装饰图案变化丰富，卷草纹、缠枝纹或鸢尾、贝壳等对称的雕花图案
装饰材料	石膏板浮雕、大理石、乳胶漆、壁纸、硅藻泥、木材、木地板、软包、硬包、玻璃、金属
特色家具	布艺家具、猫脚家具、软包床、手绘家具等

法式风格的色彩表现

〉紫色+白色+金/银色

紫色最能营造出法式风情的浪漫情怀。在法式风格居室中，可将紫色用于窗帘、布艺沙发等元素中，再通过白色的调和与金色的点缀，呈现出浓郁的自然风情。

➡ 紫色窗帘的运用，为白色+银色的空间增添了层次感，营造出一个高贵浪漫的空间氛围。

＞白色系+多彩色

奶白色、淡香槟色、象牙白等浅色调作为法式风格居室的主色调，可以搭配粉色、红色、蓝色等明快的色调进行点缀，利用色彩的深浅变化来丰富空间的层次感，呈现出浪漫、缤纷的视觉感受。

卧室中的多数色彩来自装饰画、花束、抱枕、家具等元素。

法式风格的装饰材料

＞法式石膏浮雕装饰线

法式风格比较注重利用元素与线条来营造空间氛围。带有复古元素的法式石膏浮雕装饰线就是传统法式风格中最为常见的顶面装饰。在造型上以花卉、藤蔓或者带有古典欧式特点的图案为主；颜色可以是素白色、金色、银色。

⟩白色墙板

　　小空间内运用白色墙板作为墙面的装饰无疑是最好的选择，既可以大面积使用，又可以局部使用，它是法式风格里的一个代表性元素。

➡ 白色护墙板的运用，使空间氛围简洁优雅。

⟩木纹砖

　　木纹砖是一种表面具有天然木材纹理图案的装饰效果的瓷砖。色泽光亮，色彩丰富，既有木材温润的视感又同时兼备石材的硬度。

➡ 花束拼贴的木纹砖，让地面的装饰效果更加丰富，也为法式风格空间增添了稳重感。

法式风格的装饰元素

〉法式风格装饰图案

法式风格装饰图案以自然植物为主，使用变化丰富的卷草纹、蚌壳曲线、鸢尾纹样、缠枝纹等，排列方式通常以弧形、曲线及涡卷等形式出现。

〉法式风格布艺

法式风格一般会选用绿、蓝、紫、红等较为华丽的颜色用于布艺元素中，古典传统图案搭配精美的流苏元素，透露出浓郁的复古风情。除了一些传统图案外，橄榄树、向日葵、薰衣草等图案也会被用在桌布、窗帘、沙发靠垫、床品上。

▲ 鸢尾图案的雕花装饰，让钢化玻璃扶手更有创意，装饰效果极佳。

▲ 大量的褶皱让床品更具有美观性。

▶ 水波形罗马窗帘搭配流苏吊坠，空间氛围更加柔美浪漫。

133

〉法式风格家具

法式家具以精湛的雕花及优美的曲线造型闻名于世，且用料讲究。

1. 法式布艺沙发

布艺沙发的木质框架多带有装饰雕刻并覆以闪亮的金箔涂饰。在靠背、扶手、沙发腿均采用涡纹与雕饰优美的弯腿，其中沙发腿以麻花卷脚即狮爪脚最为常见。沙发坐垫均以华丽的锦缎织成，以增加使用的舒适感。

2. 法式实木家具

法式实木家具颇具古典家具的韵味，结构纤细优美的木制框架，再配以描金雕花、贴金箔、手绘等装饰，充满贵族气质。无论是柜体、椅子还是床，腿部都呈现轻微的弧度，看起来十分地轻盈雅致。

▲ 纤细的弯腿家具，白漆饰面，洁白优雅。

◀ 鸢尾、贝壳图案修饰的家具，充满法式情调。

〉法式风格灯具

法式风格灯具的对称设计感较强，采用铸铁色、古铜色、银色和铜质作为灯框架的颜色，搭配精美的水晶吊坠、仿羊皮纸灯罩或玻璃灯罩，提升空间氛围的同时流露出法式风情的浪漫气质。

〉法式风格装饰画

法式装饰画通常采用油画的材质，以历史人物、风景、花卉作为绘画题材，加上精雕的金属外框，巧妙地融合了古典美与高贵感。此外，采用复古壁画来装饰法式风格居室，不同于传统意义上的手绘图案，它的色彩相对比较淡雅，题材也多以花鸟、人物等为主。

实战案例

[考究的选材]

米色调为空间营造出一个柔和的空间氛围,大朵的花卉图案和精美的石材搭配在一些,凸显了法式风格居室选材的考究;棕红色与蓝色的卷边沙发,在家具空间中相互映衬,增加了空间的色彩层次感;精致的灯饰、花艺等饰品的搭配,完美提升了空间的品质。

[精致的法兰西风情]

墙面石材与壁纸的颜色形成呼应,巨幅油画是墙面的主要装饰,其奢华气质不言而喻;U形摆放的沙发增添了客厅空间的凝聚力,让面积较大的客厅不显空旷;玫瑰花图案的沙发搭配同款抱枕,从材质与色彩上营造出高贵感;白色实木茶色的造型优雅,线条精致,体现出法式家具的美感。

[法式生活的精致与奢华]

米色与白色为主色调的空间内，总给人带来温馨、洁净、优雅的美感；高挑精致的法式家具，华丽的布艺搭配精致的木质描金边框，从细节上诉说着法式古典家具的优雅格调；华丽的布艺窗帘、灯饰、花束等元素的点缀，无不透露着奢华气质。

[耳目一新的法式风情]

围合式的客厅布局缓解了大空间的空旷之感，大量的布艺元素为空间增添了无限暖意；深色木质家具的运用，给法式风格居室带来耳目一新的感觉，精致而富有稳重感；造型华丽精致的水晶灯搭配暖色灯带，营造出一个奢华又不失暖意的空间。

[法式宫廷情怀]

壁纸搭配丰富的石膏线条，让墙面的设计丰富而精致，为空间呈现出了丰盈的层次美感；带有中式情调的装饰画，为空间注入一份异域情调；家具的设计线条流畅、优美，华丽的布艺搭配精致的雕花木质框架，展现了法式家具的特点；精美的瓷器、花艺、工艺品等，彰显古典法式的宫廷韵味。

[法式田园的浪漫情调]

金色的运用，赋予空间华丽的视觉感受；白色的搭配显得十分得当，缓解了金属的炫目之感，让空间的整体基调更加和谐舒适；抱枕、地毯等布艺元素十分富有田园意味，大量的花草点缀出法式田园风格的自然气息与浪漫情怀。

[装饰意味十足的水晶制品]

两盏对称的水晶吊灯，点亮了法式风格餐厅的浪漫基调，餐桌上精致的水晶杯、水晶烛台与吊灯形成呼应，奠定了空间的奢华气度；精美的瓷器餐具增加了空间的色彩层次，带来了精致的家居享受。

[精致的法式生活]

高挑的空间采用跌级式吊顶设计，精美的水晶吊灯搭配暖色灯带，整个用餐空间的氛围油然而生；椭圆形餐桌搭配柱腿式餐椅，整体造型复古而优雅，体现出法式生活的不俗品位。

[古典法式的奢华气质]

餐桌椅的色调沉稳大气，为法式风格空间注入了一份古典的美感；华丽的灯饰、精美的壁纸、餐具、工艺品等软装元素的搭配，无不透露着奢华的气质，彰显法式生活的格调。

[湖蓝色的高雅气质]

湖蓝色的布艺窗帘与家具形成呼应，为空间营造出高雅、贵气的色彩氛围；象牙白的床品为空间带来简洁、优雅的美感；长方形床尾凳上精致的描银雕花处理，从细节处体现出法式宫廷家具的精致品位。

[舒适浪漫的睡眠空间]

简约而温馨的睡眠空间，暖色调的壁纸搭配淡淡的粉色布艺元素，给空间营造出舒适、浪漫的氛围；撞色设计的地毯为空间增添了活力，呈现出高贵华丽的色彩氛围。

[温馨浪漫的法式情怀]

大量的布艺元素造就出一个温馨、贵气、浪漫的睡眠空间；多层的褶皱搭配精致的流苏元素，彰显了法式布艺的精致与华丽；白色木质家具的线条优美流畅，兼顾了时尚与高贵的美感。

[宫廷法式的奢华美感]

浅绿色壁纸为卧室带来清爽的美感，复古的图案增添了空间的复古情怀；淡淡的粉色窗帘、幔帐与壁纸的颜色形成对比，让空间的色彩氛围更加丰盈、饱满；浅色调的家具经过描金的修饰，质感更加突出，彰显法式宫廷家具的奢华美与趣味性。

[繁简有度的小空间]

衣帽间采用简洁的现代风格家具为主，简洁、大方、实用；精美复古的罗马窗帘为空间增添了一份静谧的美感；铜质的花枝吊灯线条优美流畅，光线柔和而明亮，让小空间尽显柔和气质，造就出一个复古、简约有度的空间。

[沉静优雅的书房]

绿色与白色的搭配，很好地营造出一个清爽、优雅背景环境；白色的书柜整洁大气，与黑色的书桌、座椅形成鲜明的对比；深棕色的布艺窗帘具有良好的遮光性，为阅读提供了一个沉静、优雅的空间。

第十章　田园风格居室

田园风格倡导"回归自然"，展现淳朴、实用、美观的风格气质。仿古砖、百叶门、铁艺与木制品的结合；清新淡雅的色调与碎花、藤蔓等元素的结合，都能让人感到无限的亲切与放松，让田园风格的淳朴意味更加浓郁，表现出悠闲、舒畅、自然的田园生活情趣。

🎓 田园风格预览档案

色彩特点	以清新淡雅的色调为主，绿色、白色、粉色、米色等。常见配色方案有绿色系、大地色系+绿色、大地色系、大地色系+多彩色、米色
装饰图案	拱形、弧形，碎花图案、条纹图案
装饰材料	仿古砖、板岩砖、大理石、玻化砖、木材、硅藻泥、壁纸、乳胶漆
特色家具	白色木质家具、布艺沙发、皮质沙发、铁艺+木作家具

田园风格的色彩表现

〉绿色+白色

绿色是最能代表田园风格特点的色彩之一，可深可浅、可明可暗，与白色搭配能够彰显出田园风格清新、自然的韵味。运用时可以根据空间的大小来调整色彩使用面积。

← 绿色窗帘与白色木质家具，营造出的氛围清爽、秀丽。

〉绿色+多色彩

单一的绿色会失去田园风格的自然与朝气，可以将多种高明度、低饱和度的色调融入带有草木花卉图案的窗帘、抱枕、椅套等元素中，让空间层次更加丰富。

▲ 精致的手绘墙尽显童趣，色彩缤纷绚丽。

〉浅绿+浅黄+白色

浅色调的配色，十分适合小空间的居室运用。浅绿色一直是清新的代表，能使空间更加鲜活明朗。以浅绿色作为主题色，白色作为背景色再用浅黄色作为辅助或点缀，让整个空间给人一种舒适放松的感觉。

◀ 浅绿色的木质家具、白色幔帐、浅黄色印花壁纸，整个卧室给人的感觉十分放松。

〉大地色系组合

卡其色、棕色、茶色、咖色等大地色是田园风格中比较常见的一种配色方式，深色调沉稳大气，浅色调柔和明快，彰显出乡村田园风格朴实无华的特点。

浅色调的大地色系组合，让田园风格居室既现代又淳朴。

〉大地色+多色彩

大地色与多色彩搭配，是以沉稳的大地色为主调，将蓝色、绿色、粉红色、紫色、黄色等多种色彩运用在壁纸、窗帘、抱枕、地毯等元素上，以增添空间的色彩层次感。

➡ 卧室中大量的布艺元素，点缀出一个极富有色彩层次的卧室空间。

田园风格的装饰材料

〉植绒壁纸

植绒壁纸质感柔软细腻。田园风格中最喜爱用玫瑰花作为壁纸的装饰图案，其次是牡丹、罂粟花及藤蔓类植物。

〉原木

原木作为田园风格装饰中的最基本元素，也是首选材料，原木一般是纹理清晰美丽的木材，而且还会有一定的做旧工艺。田园风格中的木材选用多以胡桃木、橡木、榉木等为主，在运用时通常会保留木材本身的自然色，以彰显田园风格亲近自然的特点。

大量的木质元素，木质家具、木地板等，让空间的自然气息更加浓郁。

›怀旧仿古砖

为了体现英式乡村文化的历史厚重感，英式田园风格空间内的仿古砖多以黄色、咖啡色、暗红色、灰色、灰黑色等为主。

▲ 仿古砖与马赛克组合装饰的地面，装饰效果更加。

田园风格的装饰元素

›田园风格装饰造型

田园风格的居室很少使用直线，常会采用圆角形或拱形来装饰门、窗、垭口、墙面等处，这样的造型可以呈现出更加舒适、惬意的田园风格居室。

➡ 墙面的圆角造型，简约而圆润，凸显田园风格居室造型设计的特点。

›田园风格布艺

　　田园风格居室中的布艺织物多采用印花布、尼料、面麻织物等外观雅致休闲的面料，色彩以淡雅的香槟色、象牙白、米色居多，以花卉图案及线条图案为主，呈现出清新、婉约、舒适的格调。

柔软舒适的碎花及条纹布艺，配色协调，整体氛围更温馨。

›田园风格灯具

　　田园风格灯具的样式与美式风格相近，造型多以花枝为原型，枝干造型的吊灯和风扇造型吊灯是田园风格灯饰的代表。利用金属超强的可塑性，将花草树木等自然元素呈现在灯具造型中，也是展现田园风格自然韵味的一种手段。

→花枝铁艺吊灯，搭配水晶装饰，整体感觉更加精致。

〉田园风格家具

田园风格家具多以白色为主, 木制的较多, 配以花花草草的布艺软垫, 舒适而不失美观。

1. 原木仿旧家具

木制表面的油漆或木纹经过做旧处理, 加强了实木肌理和怀旧岁月的痕迹, 设计造型及装饰不会有复杂的图案, 简洁、质朴, 体现出田园大自然的舒适宁静之美。

2. 田园布艺沙发

布艺沙发是田园风格空间中不可或缺的家具, 坐垫的布艺图案多以花草为主, 颜色均较清雅, 多是以白色、粉色、绿色布艺为主, 体现出乡村的自然感。

▲ 柔软的布艺沙发与做旧的木质茶几, 自然淳朴。

▲ 陈列柜经过做旧处理, 整体更具质朴的视感。

3.藤质吊椅

悠闲舒适的吊椅在乡村田园家居中有着一定的地位，藤质与布艺相结合，以增强使用的舒适度。吊椅线条优美，棕色调的藤条搭配清新的小碎花布艺，散发出沉稳又不失淡雅的韵味。

➜ 藤质吊椅、藤质茶儿，将休闲氛围烘托至极点。

〉田园风格饰品

田园风格饰品用料崇尚自然，陶、木、石、藤、竹等自然元素都可以作为饰品装饰其中。田园风格的居室还可以通过绿植花艺把居住空间变为"绿色空间"，如结合家具陈设等布置绿植，或者做重点装饰与边角装饰，还可沿窗布置，使植物融于居室，创造出自然、简朴、高雅的氛围。

实战案例

[大地色与绿色的搭配]

大地色系的组合运用，为田园风格客厅营造出一个质朴、内敛的空间环境；米白色布艺沙发、做旧的木质茶几、绿白格子的坐垫，打造出舒适优雅的待客空间；大型绿植的点缀，增添了空间的自然气息。

[丰富优雅的田园意味]

米色与绿色为主色的空间，呈现出温暖、清新的居家感受；碎花图案、条纹图案的壁纸，清新而优美；柔软的布艺沙发搭配圆角木质家具，精美的台灯搭配各色花束，植物为题材的装饰画搭配柔软的布艺抱枕，形成不同材质及色彩的组合，营造出一个温馨优雅的田园风格居室。

[绿色的田园情调]

大地色系组合的条纹布艺沙发, 为客厅带来一份色彩的韵律感, 双色木质电视柜的精美手绘图案, 彰显了田园风格家具的趣味性; 淡绿色花纹的单人座椅、暗绿色的地毯为空间注入清新、自然的气息, 缓解了灰色与白色对比而形成的高冷感, 让空间的整体基调更加和谐。

[清新浪漫的用餐氛围]

米白色为背景色的餐厅, 深色家具的运用, 增添了空间的稳重感; 铜质吊灯温暖的灯光、精美的绿植、通透的白瓷餐具、烛台、装饰画等元素的点缀, 空间洋溢着清新、浪漫的气息。

[明快和谐的色彩氛围]

蓝色、白色、绿色组成的餐厅配色, 给人带来明快、和谐的美感; 绿色墙漆搭配白色家具, 表达出田园风格的清爽韵味; 蓝色仿古砖的运用则增添了一份稳重的视觉感受。

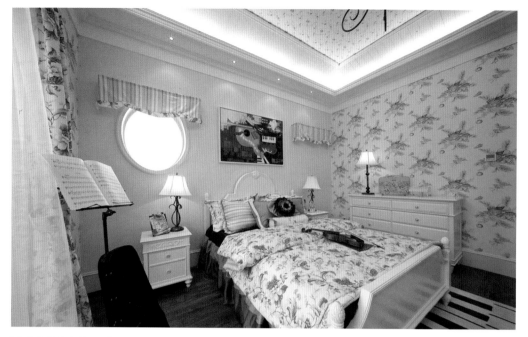

[春意盎然的乡村田园]

碎花图案的壁纸、床品为空间增添了浪漫情调，经典的白色木质家具与其搭配，带来了乡间春意盎然的视觉感受；装饰画、灯饰、地毯等元素的色彩相对跳跃，很好地增添了空间色彩的层次感，让田园风格的卧室更有情调。

[淡雅舒适的卧室]

橄榄绿为底色的印花壁纸，与窗帘、床品、地毯等布艺元素的邻近搭配，让空间淡雅、质朴、自然；原木色家具在灯光的映衬下，给人以温馨淳朴的美感；床上随意摆放的绿植为质朴的空间注入了一份自然气息。

[自然亲切的田园风格]

鹅黄色与嫩绿色的搭配，让空间呈现出柔和而自然的亲切感；床头两侧摆放着造型简洁的白色台灯，为空间带来一份明亮之感；原木色的家具、地板与主题色搭配得十分和谐，使整个空间的氛围更加舒适、温馨。

[田园风的小碎花情结]

小碎花图案在田园风格居室中的运用十分常见，碎花图案的壁纸、窗帘、床品，三者形成呼应，营造温馨氛围的同时，也体现了搭配的整体感；白色木质家具是田园居室中的另一经典，为空间带来洁净、优雅的美感。

[低明度色彩的内敛与温馨]

低明度的橄榄绿与大地色系组合，质朴的气息扑面而来；深浅色调的条纹壁纸为硬装设计简洁的空间增添了律动感，搭配白色装饰浅，层次更加分明；深浅驼色的布艺床品点缀着丰富的花纹，呈现出舒适内敛的视觉效果；精美的绿植点缀出空间的自然气息。

[清新的小田园空间]

用淡绿色釉面砖装饰的卫浴间，给人一种放松的感觉；原木色桑拿板装饰的顶面，功能性与美观性兼备，彰显了选材的考究；镜前灯的设计带有一份复古意味，搭配圆形镜面、复古的铜质水龙头、手绘陶瓷面盆，再利用一些绿色花草点缀，给卫浴间带来清新之感。

第十一章　东南亚风格居室

东南亚风格广泛地运用木材和其他的天然原材料,如藤条、竹子、石材、青铜和黄铜,以及深木色的家具,局部采用一些金色的壁纸、丝绸质感的布料,再加上变化的灯光,体现了稳重及亲近自然的感觉。

东南亚风格预览档案

色彩特点	大地色、棕色系、米色系最为常见，也会点缀一些金色、红色、紫色、黄色等艳丽的色彩，常见配色方案有大地色+多彩色、大地色系、大地色+绿色、大地色+白色
装饰图案	拱形、热带植物图案、莲花图案、佛教图案
装饰材料	木材（柚木）、纱幔、藤竹、椰壳板、青铜、泰银、大理石、板岩砖、仿古砖、壁纸、硅藻泥、乳胶漆
特色家具	以中式家具为基调，柚木家具、幔帐四柱床、藤质桌椅、椰壳板饰面家具

东南亚风格的色彩表现

〉大地色系+多色彩组合

以大地色系作为主题色，再选用紫色、红色、蓝色、黄色或绿色等至少三种色彩组合，用于窗帘、床品、地毯、抱枕等布艺元素中作为色彩点缀，是最具东南亚风格韵味的配色技巧。

➡ 抱枕、花艺、画品的点缀，让以大地色系为主的空间，显得更加有色彩层次。

〉大地色+绿色

大地色与绿色的搭配是一种源于热带雨林的自然配色，在运用时，宜采用暗色调的棕色与浊色调的绿色进行搭配。若想让空间更有层次感，可以适当地运用一些白色或米色进行调节。

→ 绿色花艺、植物题材的装饰画，为空间增添了清爽之感。

东南亚风格的装饰材料

〉椰壳板

椰壳板是一种纯人工编制的装饰材料，有多样、独特的纹理效果，可用于墙面、间隔或家具饰面，能够打造出浓郁的东南亚风情。

▲ 椰壳板装饰的墙面，极富有东南亚地域风情。

〉天然柚木

东南亚风格装修中, 木材的运用十分广泛, 从构架到饰面无处不在, 其中以天然的柚木最为常见。柚木的表面多呈黄褐色, 纹理通直, 色泽温润, 让整个空间的基调更加淳朴, 更能展现出东南亚风格的原始与传统美感。

▲ 柚木家具、横梁、护墙板, 打造空间的淳朴之感。

▲ 柚木格栅的直线条设计, 简约淳朴。

〉竹地板

竹地板是以天然优质竹子为原料制作而成的环保型地面装饰材料。竹地板具有天然纹理, 清新文雅, 给人一种回归自然、高雅脱俗的感觉。

▲ 竹木地板色彩淡雅, 使空间的整体氛围清新而雅致。

东南亚风格的装饰元素

〉东南亚风格装饰造型

东南亚风格居室装饰中，对木质格栅的应用十分广泛，格栅造型也比较多样，如十字格栅、横向格栅、竖向格栅、菱形格栅等。除此之外，带有尖角的拱门造型通常被用于垭口、门框及护窗等处，线条简洁流畅，具有浓郁的地域风韵。

↑ 十字格栅让空间增添了神秘感。

〉东南亚风格布艺

各种各样色彩艳丽的布艺装饰作为点缀，能避免家具单调气息而令气氛活跃。布艺的色调选用，多以绚丽的深色系为主，沉稳中透着点贵气。布艺饰品与家具的搭配原则是，深色的家具适宜搭配色彩鲜艳的装饰，例如大红、嫩黄、彩蓝；而浅色的家具则应该选择浅色或者对比色，如米色可以搭配白色或者黑色。

↑ 墙面连续尖角的拱门造型装饰的背景墙，层次丰富。

→ 华丽的布艺彰显东南亚神韵。

〉东南亚风格家具

东南亚风情家具崇尚自然、原汁原味，以水草、海藻、木皮、麻绳、椰子壳等粗糙、原始的天然材质为主，带有热带丛林的味道。色泽上保持自然材质的原色调，大多为褐色等深色系；在工艺上注重手工工艺，以纯手工编织或打磨为主，完全不带一丝工业化的痕迹，纯朴的味道尤其浓厚。

1. 柚木家具

柚木是制作木雕家具的上好原材料，它的刨光面颜色可以氧化成金黄色，颜色会随时间的延长而更加美丽，结合具有东南亚特色的雕花样式，展现出东南亚风格家具的典雅古朴特点。

2. 藤木家具

东南亚家具大多就地取材，多以藤、柚木为原材料，相比单一材质家具，藤木结合型家具的造型更丰富，更有层次感；与布艺搭配，抛弃了复杂的线条设计，自然、简单、直接，带来清凉舒适的感觉。

▲ 柚木家具，淳朴厚重，极富质感。

▲ 藤艺与柚木结合的座椅，整体感觉更加坚固。

〉东南亚风格灯具

东南亚风格灯饰多以金属材质为主，如铜制的莲蓬灯，手工敲制出具有粗糙肌理的铜片吊灯，是最具民族特色的灯饰，能让空间散发出浓浓的异域气息，同时也可以让空间禅味十足。

↑ 落地灯选材自然，造型十分复古。

〉东南亚风格饰品

在饰品选择上，大多以纯天然的藤、竹、柚木、金属为材质，纯手工制作而成，比如竹节袒露的竹筐相架名片夹，带着几分拙朴与地道的泰国味；参差不齐的柚木相架没有任何修饰，却仿佛藏着无数的禅机；木雕佛像、佛手、莲花等带有佛教元素的工艺品，充分体现了东南亚地区的宗教信仰，也为空间装饰增添了神秘与庄重的感觉；镀金小佛像和泰式锡器的点缀，也能给人以极具禅意、自然清新的感觉；大型热带阔叶植物既能净化环境，又使居室具有一丝丛林的气息。

实战案例

[柚木家具的风采]

具有东南亚特色的柚木边柜,设计造型简洁大方,色泽古朴,纹理清晰,既能作为隐形的沙发墙,又具有良好的收纳效果;客厅沉稳的配色,带有一丝历史感,体现出浓郁的文化气息。

[古朴雅致的东南亚风情]

沙发墙面的木雕装饰画极具东南亚韵味;顶角线的格栅造型带来浓郁的热带雨林风情;对称摆放的家具,使整个空间给人带来古朴而典雅的视感。

[巧用原装元素注入自然气息]

以大地色系作为空间的配色,整体给人的感觉是自然中流露出淳朴的美感;沙发墙采用橄榄绿色墙漆搭配棕黄色柚木护墙板及格栅,让空间的硬装设计更加丰富;装饰画、地毯、抱枕、吊灯等元素都带有植物元素,提升了空间的色彩层次,也带来浓郁的自然气息。

[深蓝色的淳朴感]

深蓝色调的布艺硬包与白色乳胶漆形成材质与色彩的对比，为东南亚风格居室增添一份明快感；设计造型简洁的沙发、电视柜、茶几等家具，色调淳朴，为空间增添一份稳重的美感。

[冷暖材质巧搭配]

素色调大理石装饰的电视墙，在灯光的映衬下，显得纹理更加清晰，搭配简洁的柚木线条，有效地缓解了石材的冷硬气质，冷暖材质的搭配，让墙面的视觉感更加和谐。

[简约质朴的空间]

素白色的墙面搭配古朴的仿古砖，客厅的硬装简洁却富有良好的层次感；柔软舒适的布艺坐垫，增强了藤质沙发的舒适度，颜色也形成一定的互补，让空间的整体基调更显质朴。

[梅香四溢]

黑色与白色作为空间的背景色，给人营造出一个简洁、明快的空间氛围；沙发墙面的梅花图案，成为空间内的装饰焦点，茶几上一束白梅与其形成呼应，巧妙而富有情趣；抱枕、地毯等布艺元素，简化的中式纹样，使整个家居空间更加纯朴、优美。

[轻盈优美的东南亚风格居室]

柚木增添了整个空间的淳朴韵味，护墙板与家具的色调保持一致，体现了空间搭配的整体感；米白色布艺沙发、绿植的点缀，缓解了空间沉稳的色彩基调；白色纱帘轻飘曼妙的质感，使得整个家居空间更加轻盈优美。

[华丽而雅致的软装元素]

以深棕色为空间主色的客厅中,装饰画、抱枕、窗帘、绿植、小型家具的色彩丰富而华丽,有效地缓解了深色的沉闷之感,使空间的整体视感具有一定的冲击力,又不失整体搭配的雅致感;造型别致的吊灯搭配暖色灯带,让空间的光影效果更有层次感。

[木材的层次感]

餐厅墙面护墙板的层次丰富,丰富的变化凸显了空间的质朴之感;餐桌的设计线条简单,既有现代家具简约实用的特点,温润质朴的视感又带有浓郁的地域情怀;精致的瓷器、花艺、灯饰等软装元素,提升空间色彩层次的同时,为空间注入了一份自然气息。

[典雅舒适的睡眠空间]

卧室墙面采用棕色调的布艺软包作为装饰,触感柔软,层次丰富;简化的卷草图案壁纸,淡雅的花纹搭配明亮的灯光,营造出一个典雅、温馨的背景环境;家具的深色木质边框,既能凸显家具的质感又提升了空间的色彩层次。

[布艺点缀丰盈的空间氛围]

大地色系在东南亚风格居室中的运用十分常见,深棕色的木制家具搭配浅驼色壁纸,具有一定的色彩对比层次;装饰画、床品、地毯、窗帘等布艺元素极富东南亚风格韵味,让整个卧室空间的视感更加充盈、饱满。

[浓郁的东南亚情怀]

卧室中的硬装搭配十分简单，素色乳胶漆搭配简约的木质线条，简约而富有层次感；布艺元素的图案精美而富有民族特色，展现出东南亚风格居室清秀、淡雅的一面；孔雀尾作为装饰图案的地毯，为简约而质朴的空间增添了一份华丽感，让视觉效果更加饱满。

[明快而内敛的蓝色]

软包装饰的卧室床头墙，带来沉稳、贵气的视感；纯棉质地的床品、皮质沙发、纯毛地毯的搭配，空间整体淳朴、舒适；蓝色抱枕的点缀，为纯朴而内敛的空间增添了一份明快感，也强化了空间的异域情调。

[来自软装的点缀]

整个卧室的设计十分具有现代风格简洁大方的美感，米色与棕色的配色，让空间氛围更加温馨；灯饰、布艺等软装元素的点缀，为空间带来一份异域情调的美感。

[大地色系搭配东南亚风]

饱和度高的大地色系配色使空间呈现出沉稳、内敛的视觉感受；大量带有民族特色的装饰图案营造了东南亚风格的自然美感；色泽温润的柚木地板，在灯光的映衬下极富质感，展现了东南亚风格的选材特点。

[黑色色调的艺术感]

黑色与白色作为空间的色调，明快的对比使空间格调有了一定的艺术感；家具、工艺品、装饰画、花束等软装元素的搭配，增加了空间的细节质感。

[木元素与植物带来的自然气息]

书房的设计简单实用, 大量的木质元素使空间充满了质朴的美感, 也彰显了东南亚风格装饰取材的优越性; 绿植的运用在书房空间必不可少, 可缓解单调感又能净化空气, 为阅读与学习提供一个更加健康、舒适的环境。

第十二章　地中海风格居室

地中海风格给人自然浪漫的感觉。造型上广泛运用拱门与半拱门，给人延伸般的透视感；家具选配上通过擦漆做旧的处理方式，表现出自然清新的生活氛围；材质上一般选用自然的原木、天然的石材等，用来营造浪漫自然；在色彩上，以蓝色、白色、黄色为主色调，看起来明亮悦目，给人极具亲和力的感觉。

地中海风格预览档案

色彩特点	色彩明亮悦目，常见配色方案有蓝色、蓝色+白色、绿色+白色、土黄+红褐色、大地色+蓝色、大地色+白色
装饰图案	拱形、马蹄图案、条纹图案、格子图案
装饰材料	锦砖、小石子、贝类、玻璃片、玻璃珠、大理石、文化砖、文化石、仿古砖、木材、乳胶漆、壁纸、硅藻泥
特色家具	铁艺家具、木质擦漆家具、布艺沙发、藤质家具、简易四柱床

地中海风格的色彩表现

〉蓝色+白色

作为地中海风格中最经典的配色，蓝色能给人一种安静、祥和的感觉，与白色搭配具有纯净的美感，这种源于自然的配色方式，使人感觉协调、舒适。

›大地色系+蓝色

　　大地色系与蓝色搭配是地中海风格装饰中的另一经典配色组合，它同时兼备了亲切感与清新感。

➤ 蓝色的运用，突出了大地色的沉稳与内敛。

›土黄色

　　土黄色能很好地塑造出地中海风格的质朴感，色彩源自北非特有的沙漠、岩石、泥、沙等自然景观，再辅以北非土生植物的深红、靛蓝，加上黄铜，营造出北非地中海风格如大地般的宽阔感觉。

➤ 土黄色的点缀，给人带来北非地中海的视感。

地中海风格的装饰材料

〉白色乳胶漆

　　乳胶漆的可选色彩十分丰富，可以根据所要装饰的空间进行选择。其中白色墙漆与地中海风格的气质最为相符，也是运用最多的装饰材料。

〉文化砖

　　文化砖多用于电视墙、沙发墙等的装饰。使用文化砖装饰内墙表面，可以省去墙面的粉刷工作，并体现出浓厚的文化韵味。

➡ 文化砖装饰的垭口，带来一份粗犷淳朴的美感。

﹥陶瓷马赛克

　　陶瓷马赛克的款式、颜色十分多样化，是地中海风格家居中最偏爱的装饰材料，可用于墙面、地面、台面等各种空间装饰。

﹥釉面砖

　　釉面砖表面花色繁多，并有亮光釉面砖和亚光釉面砖两种。通常在运用时都是各种色彩穿插使用，以彰显地中海风格活泼、自由的特点。

➡ 马赛克精致的拼花，凸显了地中海风格的情调与韵味。

⬆ 大地色系的釉面砖，淳朴内敛。

⬆ 蓝色与米黄色的釉面砖，极富地中海风格韵味。

177

地中海风格的装饰元素

〉地中海风格装饰造型

地中海风格在造型方面，一般选择流畅的线条，圆弧形就是很好的选择，可以放在家居空间的每一个角落，一个圆弧形的拱门，一个流线型的门窗，都是地中海家装中的重要元素。

〉地中海风格布艺

地中海风格居室中的窗帘、沙发套等布艺品，可以选择一些粗棉布，让整个家显得更加的古味十足。同时，在布艺的图案上，最好选择一些素雅的图案，这样会更加凸显蓝白两色所营造出的和谐氛围。

➡ 浅淡的米色让空间氛围更温馨。

❯地中海风格家具

在为地中海风格的家居挑选家具时，最好是选用一些比较低矮的家具，这样让视线更加的开阔。同时，家具的线条以柔和为主，可选用一些圆形或是椭圆形的木制家具，与整个环境浑然一体。

1. 修边圆润的木质家具

地中海风格的木质家具边角处通常会做圆润的修边处理，色彩上以木色、白色或木色加白色居多，与简洁圆润的线条相结合，给人一种自然舒适的感觉。

2. 擦漆处理的做旧家具

通过擦漆处理过的铁艺或木质家具，流露出一种被海风吹蚀的斑驳感，展现了地中海风格古典淳朴的一面。

3. 条纹布艺沙发

布艺沙发在地中海风格空间内的运用是不可取代的，沙发的包面以蓝白相间的条纹最为经典，也有米白、白绿等一些清新、朴素的色调。

4. 白色木质家具

经过刷白处理的木质家具十分适合在小空间内使用，白色不一定为纯白，可以是奶白色或象牙白等既纯净又不失典雅、高贵的色彩。

▲ 双色木质家具，在地中海风格居室中十分常见。

▲ 经典的条纹布艺沙发。

▲ 白色木质边柜，为空间增添洁净优雅的美感。

〉地中海风格灯具

地中海风格的灯饰取材讲究，铁艺、铜质、玻璃等都是制作材料。地中海风格的灯饰造型有明显的地域特征，将铁艺或铜质材料制成花枝造型或风扇造型，再搭配手工打造的彩色玻璃灯罩，色彩斑斓，渲染出温馨、浪漫的空间氛围。

➡ 五彩斑斓的玻璃灯罩，彰显了地中海风格灯饰特点。

〉地中海风格饰品

在地中海的家居中，装饰是必不可少的一个元素，一些装饰品最好是以自然的元素为主，比如海螺、贝壳、罗盘、船舵等与大海相关的元素；抑或是一些带有古朴味道的窑制品，这些物件古朴并带着岁月的记忆，可令空间有一种独特的风味。此外，绿色的盆栽也是地中海风格居室中不可或缺的元素，藤蔓类绿植可以让室内空间显得绿意盎然。

⬆ 小鱼造型的陶瓷墙饰，增添了空间的浪漫氛围。

⬆ 帆船、珊瑚等海洋元素的点缀，让整个空间洋溢着大海般自由与浪漫的气息。

实战案例

[拱门造型]

连续的拱门造型，彰显了地中海风格的装饰特点，厚重的木质横梁给人带来沉稳、内敛的视觉感受，浅米色乳胶漆与其搭配，色彩更加和谐；灯饰、布艺、家具等元素的精心搭配，烘托出一个极为精致的生活空间。

[淡蓝色营造的小情调]

蓝色在地中海风格居室内有着崇高的地位，淡蓝色的单人沙发椅搭配蓝白条纹抱枕，色彩层次分明，给人带来清新舒适之感；精美的铜质落地灯，线条中带有浓郁的复古感，搭配米白色灯罩，增添了空间的古典氛围。

[自由随性的蓝色]

蓝色具有自由、随性的色彩表现效果,大面积的蓝色搭配米白色,随和自然;经典的条纹布艺沙发、棕色实木家具为客厅带来质朴、厚重的美感,展现出地中海风格家具的特点,同时也让空间色彩更有层次;绿植花艺的点缀,使整个空间弥漫着自然气息。

[白色的简洁优美]

客厅以纯净的白色作为主体配色,显得简洁、干净;米白色布艺沙发、白色实木家具、白色护墙板、米白色仿古砖等装饰元素,简洁优雅;花艺饰品的点缀,提升了空间的色彩层次,简约而不简单,奠定了空间自由浪漫的基调。

[自由安逸的空间]

彩色硅藻泥装饰的背景墙，搭配简洁的白色家具，色彩对比明快而活跃；瓷器、花艺、书籍的点缀，渲染出一个自由、安逸的生活空间。

[巧用浅色弱化深色的沉闷感]

北非地中海风格居室的整体色彩比较厚重，棕红色的实木家具与地砖色调形成呼应，营造出一个淳朴厚重的背景环境；米白色布艺沙发的运用，弱化了深色的沉闷感，让搭配更有层次。

[海洋元素的点缀]

深蓝色布艺沙发增添了空间的稳重感与神秘感，同时与白色形成鲜明的对比，让淡雅、柔和的空间多了一份明快的视感；大量海洋元素的工艺饰品，为整个空间注入一份大海般自由、浪漫的气息。

[圆润的设计线条]

连续的拱门造型，是地中海风格装饰中最突出的特点，圆润的设计线条，呈现的视觉感更加柔和；双色圆角实木餐桌、蓝白条纹布艺、彩色手工玻璃吊灯等装饰元素精心搭配，从细节中彰显了地中海风格追求自由与浪漫的风格特点。

[白色的浪漫情怀]

白色在希腊地中海风格中象征着浪漫与自由，餐厅墙面选用白色百叶与白色乳胶漆的搭配，简洁中流出优雅的美感；餐桌上蓝色印花桌布提升了空间的色彩层次，缓解了白色的单一感；吊灯、装饰画、搁板、工艺品等软装元素的色彩丰富，巧妙的穿插搭配，丰富了空间层次，并且体现了设计搭配的用心。

[理性与浪漫情怀的碰撞]

浅灰蓝色的墙漆搭配白色幔帐，浪漫中透着一丝理性的美感；做旧的木质家具与地板形成呼应，为空间注入了一份怀旧之感；暖暖的灯光、柔软的布艺床品，为空间带来无限的暖意与温情。

[温馨典雅的睡眠环境]

卧室的整体设计简洁大方，灵活、通透的玻璃推拉门既能保证空间区域的划分，又不会影响卧室的采光；条纹壁纸的颜色素雅，搭配棕红色木地板，营造出一个温馨、典雅的睡眠环境；深色木质家具，坚实厚重，带有一份复古情怀。

[清爽舒适的睡房]

淡淡的绿色作为卧室墙面的背景色，给人带来清爽的视觉感受；墙面装饰线的材质及色彩与家具保持一致，让设计搭配更有层次感与整体感；装饰画及随意摆放的小物件，体现出主人的兴趣爱好。

[充满活力的睡眠空间]

卧室的配色带有一份浓郁的英伦风情，壁纸的卡通图案，带来了童真味道，活跃了空间气氛；风扇吊灯、软包床、装饰画、绿植等软装元素的精心搭配，打造出一个轻松愉悦的睡眠空间。

[白色与木色的美感]

卧室以白色、木色为主色调，温润的木色为卧室增添了一丝高雅、质朴的气息；蓝色抱枕与墙面色彩形成呼应，为淳朴的空间注入一份活力感；装饰画、绿植、灯饰等元素的点缀，展现出地中海生活的惬意与放松。

[北非地中海的淳朴与厚重]

大地色系作为地中海风格居室内的主要配色，能够营造出一种淳朴、厚重的美感；精致的家具、灯饰、布艺、工艺品的修饰，烘托出别样的精致典雅。

[复古家具的魅力]

白色实木家具的设计带有浓郁的复古情怀，精美的雕花彰显了古典家具的精致与格调；家具的圆角处理，彰显了地中海风格家具的特点。

第十三章　北欧风格居室

北欧风格的硬装装饰造型一般很少,以简单流畅为主。软装的造型更是以简洁为主,很少有强烈的对比色,设计感很强,充分利用后期软装的细腻来达到温馨和个性的平衡。

🎓 北欧风格预览档案

色彩特点	北欧风格家居色彩多用浅色调、中性色彩，也会用大片鲜艳的纯色，再以白色、黑色进行点缀；常用配色方案有无彩色+木色、无彩色+冷色、无彩色+亮色、冷色+木色
装饰图案	直线、几何图案、对称图案
装饰材料	木材、布艺、乳胶漆、壁纸、硅藻泥、木地板、六角地砖、玻化砖、亚光砖、大理石
特色家具	塑料与木作结合家具、线条简洁的板式家具、金属与木作结合的家具、金属与玻璃结合的家具、布艺家具

北欧风格的色彩表现

〉原木色

北欧风格居室内的原木色主要通过木质家具、木地板、木饰面板等元素呈现出来，能够衬托出悠闲舒适的风格特点。

➜ 原木色的家具，点缀出空间的暖意。

〉冷色

北欧风格中多以青蓝色、青绿色、黄绿色或茶绿色等冷色来作为原木色的配色。因为木色与绿色同属于低饱和度、中明度的色相，两者搭配在一起尽显自然和谐。

← 高冷的灰色、孔雀蓝，营造出北欧风格的时尚感。

〉无彩色+黄色

黄色的明亮感与温暖感可以有效地弱化黑、白、灰三色给空间带来的冷清。例如在一个以黑白为主色的环境中，黄色的加入可以有效地为空间增添跳跃感，同时与自然的原木色色温相符，既能延伸出丰富的层次感，又不会显得过于突兀。

北欧风格的装饰材料

〉木材

北欧风格居室多使用橡木、枫木、松木、云杉、白桦等木材作为主要材料。木材放弃了繁琐的加工工艺，保留了木材本身的纹理、质感及原始色彩，是北欧风格家居中营造自然氛围的主要因素。

▲ 原木的护墙板、地板，没有多余的复杂工艺，淳朴自然。

〉素色乳胶漆

素色乳胶漆能够营造出一个清新、淡雅、宁静的空间氛围，例如米白色、浅蓝色、浅绿色等一些高明度、低饱和度的色彩。

〉六边形地砖

六边形地砖被称为六角马卡龙地砖，是釉面瓷砖的一种。其色彩多样，表面呈亚光状，无纹理，能够营造出清新、自然的空间氛围，是北欧风格家居装饰中比较常见的地面装饰材料。

➤ 六角地砖的色彩淡雅，为休闲角落营造出一份小清新的美感。

北欧风格的装饰元素

〉北欧风格装饰图案

在以简洁主义为宗旨的北欧风格家居装饰中，线条的运用十分简洁流畅，强调的是空间的实用性与功能性，也代表了一种回归自然、崇尚原始的韵味。

〉北欧风格布艺

北欧风格的布艺软装类主要包括抱枕、床品、窗帘、地毯等。它们的特点是不用过多的装饰图案，一般用简单的线条及色块来修饰，体现了北欧风格的简洁明快、简约质朴，却又不失格调与时尚，彰显了低调的奢华。在颜色的选择上要选用自然清新的色调，如浅绿、淡蓝、淡粉、素白等颜色。

▲ 吧台、座椅通过简洁的几何线条，展现出精致的生活品位与设计理念。

〉北欧风格家具

1. 线条简约

北欧风格家具以简约著称, 具有很浓的后现代主义特色, 注重流畅的线条设计, 代表了一种时尚。回归自然, 崇尚原木韵味, 外加现代、实用、精美的艺术设计风格, 反映出现代都市人进入新时代的某种取向与旋律。

2. 实用性强

北欧风格家具轻便灵活, 具有多功能、可拆装折叠、可随意组合的特点。

3. 自然质朴

北欧风格家具多取材上等的枫木、橡木、云杉木、松木和白桦木, 将其本身所具有的柔和色彩、细密质感以及天然纹理非常自然地融入家具设计之中, 展现出一种朴素、清新的原始之美, 形成了独特的北欧风格。

▲ 简洁抽象的设计线条, 优美大气, 精致的选材更体现北欧生活的品质感。

▲ 金属与木质结合的茶几, 创意十足; 简约的布艺沙发, 色彩极富有北欧特点。

▲ 低矮的金属托盘式茶几, 在北欧风格居室中的运用率极高。　▲ 黑色木质组合茶几, 功能性与装饰性并存。

〉北欧风格饰品

　　北欧风格在空间处理看似随意实则匠心巧妙。一般来说北欧风格的室内空间都是以宽敞明亮、内外通透为主, 强调视觉上的立体宽广, 同时最大限度地引入自然光来平衡室内的色彩, 令空间散发着明媚自然的气息。常用的装饰元素大多是浓缩了欧式古典文化的精髓与现代时尚设计的完美结合, 主要以实木家具、玻璃制品、纯棉布艺、鹿头装饰、绿色植物为主。

实战案例

[北欧情怀的现代气息]

整体空间的色彩以白色为背景，通过软装元素的搭配来丰富空间的色彩层次；设计线条简洁的现代家具，显得时尚而雅致；植物图案的地毯、绿植、装饰画为空间注入无限的自然气息，结合简洁大方的现代家具，展现出一个具有现代气息的风格空间。

[原木色的自然气息]

原木色与米白色的组合搭配，营造出一个温馨舒适的空间氛围；彩色布艺抱枕的点缀，很好地提升了色彩的层次感；烛台、花艺、装饰画、灯饰的运用，展现了北欧生活的精致品位。

[简洁大方的北欧居室]

北欧风格的家居空间，常以白色+灰色作为主要配色；白色与灰色的布艺沙发，设计线条的简洁大方，让空间的现代气息十足；抽象的装饰画与其形成呼应，为空间注入很强的艺术气息。

[丰富的色彩氛围]

电视墙选用大气庄重的灰色，细腻的质感与沙发墙的红砖形成对比，让空间显得大气而时尚；明黄色的抱枕、小家具等跳跃色彩的运用，让整个空间的色彩氛围更加活跃。

[明快的北欧色彩基调]

整体空间以亮白色为主,干净平整的白色墙面搭配白色布艺沙发,整体给人的感觉简约而优雅;
蓝色地毯的运用,清雅而温馨,黑色烤漆玻璃茶几搭配其中,让空间的色彩层次更加明快。

[大气而现代的北欧风格客厅]

镜面与硬装装饰的电视墙,设计层次丰富,给人带来大气而现代的视觉感受;木质家具的设计线条简洁大方,充分体现了北欧风格家具的特点;五边形大理石茶几与地面形成呼应,体现搭配的整体感;充满创意的灯饰、工艺品的点缀,展现出北欧风格生活的精致品位。

[色彩活跃的餐厅]

餐椅的色彩形成互补,餐桌上黄色跳舞兰与其搭配,让用餐氛围十分活跃,色彩层次十分丰富;吊灯的暖色灯光搭配淡淡的婴儿蓝背景,让用餐氛围清新而舒适。

[温莎椅的魅力]

木色温莎椅,高挑的靠背造型,增强了使用的舒适度,同时具有良好的装饰效果;温润的木色与白色、淡蓝色墙漆相搭配,色彩的合理搭配加上家具的材质纹理,营造出清爽而温馨的餐厅空间。

[暖暖色的点缀]

纯白色为背景色的餐厅内,橙色餐椅的点缀,让空间层次得到完美提升,明亮的暖色营造出一个明快而充满喜悦的用餐空间。

[简洁干练的北欧餐厅]

线条简洁干练是餐厅家具最突出的特点；素色壁纸搭配胡桃木色家具，让空间显得格外舒适；
墙面的白色搁板，搭配丰富的摆件饰品，增添了用餐空间的趣味性与装饰性。

[优雅的深灰色]

家具的设计线条简洁大方，金属材质的半球形吊灯，为空间注入了时尚气息；餐椅采用深灰色，
体现了主人优雅、高贵的气质。

[布艺营造的放松感]

黑白灰是现代北欧风格中惯用的色彩搭配，素色乳胶漆装饰的墙面简洁而温馨，清雅柔和的布艺元素给卧室空间带来了无比放松的感觉；装饰画的运用，缓解了空间硬装设计的过度简单，也增添了空间的艺术气息。

[干净自在的北欧卧室]

以纯白色为背景色的北欧风格卧室中，暖咖色的床头板为空间增添了一份淳朴自然的美感；淡冷色窗帘、地毯等软装布艺的运用，给空间带来干净自在的舒适感。

[干净的配色]

白色墙漆搭配浅卡色壁纸，形成了简单而实用的卧室背景色；设计造型简洁的软包床搭配色彩淡雅清秀的布艺床品，让卧室的氛围显得干净、整洁、清爽、舒适。

[去繁留简的设计理念]

卧室给人的第一印象是惬意、放松，去繁留简的设计手法也尊崇了北欧风格的设计特点，浅色的乳胶漆搭配简洁的白色线条，增加了墙面的层次感；柔软舒适的布艺床品让舒适的睡眠变得简单而美好。

[软装点缀舒适的书房空间]

飘窗让书房显得通透而舒适，线条简洁的布艺抱枕、图案复古的地毯、设计线条简洁的木质家具、植物题材的装饰画等，让视觉层次更加丰富；嵌入式书柜的装饰效果很有整体感，同时兼备强大的收纳功能。

[巧用白色装饰小空间]

亮白色作为空间的主色调，可以让小空间看起来更有扩张感；玄关柜的设计造型简洁大方，功能性十足；木色地板缓解了白色的单调，也为空间增添了一份暖意。

[直线条家具的魅力]

书房采用嵌入式书柜,简洁的线条充分展现了现代家居大气时尚的美感;明黄色的点缀,是空间内最抢眼的点缀,给素雅的空间增添了活力。

[自然简约的北欧气质]

黑色与白色为主色的空间,简约而明快,奠定了空间简洁大气的色彩基调;鱼骨式拼贴的地毯,为空间提供了温度,增添了北欧风格自然简约的气质。

第十四章　日式风格居室

日式家居将自然界的材质大量运用于居室的装修、装饰中，以节制、禅意为境界。色彩搭配上偏重于原木色，以及竹、藤、麻和其他天然材料的颜色，形成朴素的自然风格。此外，日式风格居室的空间设计讲究流动性与分隔性，流动则为一室，分隔则可以分出几个功能空间，以增加空间的使用率。

🎓 日式风格预览档案

色彩特点	日式风格的色彩较为淡雅，以白色、木色、米色运用居多，常见色彩搭配方案有米色+木色、白色+木色等
装饰图案	以简单的直线条为主，条纹、樱花、锦鲤、和服仕女图、自然山水图等
装饰材料	木材、乳胶漆、壁纸、玻璃、草席、布艺、藤类、竹等
特色家具	原木版式家具、榻榻米、布艺沙发等

日式风格的色彩表现

❯ 白色+木色+绿色/红色

日式家居空间配色基本呈现低饱和度，白色、原木色、米色是常用色，也可再适当加入少量的大红、大绿等饱和度高的亮色进行点缀。

▲ 清爽秀气的日式风格色彩环境。

▲ 淡淡的绿色布艺沙发点缀日式小清新的韵味。

〉高级灰+原木色

　　高级灰与原木色作为空间的主体色，是日式家居空间中使用率最高的配色手法，多用于家居中等面积的陈设上。原木色与灰色忠诚于自然本质，彰显出素朴、雅致的品位，作为过渡色能很好地强化整体风格。

〉多色点缀

　　选用绿色、蓝色、黄色等亮色作为空间的色彩点缀，以提升色彩层次。此类色彩通常用于体积小、可移动、易于更换的物体上，如抱枕、植物、花卉、织物中，面积不大却又极强的表现力。

▶地毯、抱枕、灯饰的色彩点缀，让层次更加丰富。

日式风格的装饰材料

〉木材

日式风格居室中注重自然质感，清新、干净的木材在日式风格中被大量运用，其中以榉木、白橡木、水曲柳、榆木、胡桃木等最为常用。

➜ 温润的木质护墙板，在灯光的映衬下，纹理更加清晰自然。

〉蔺草

蔺草坚韧且富有弹性，吸湿功能强，通气性能好，有吸附空间内有害物质的功能，多用于床席、坐垫、地垫、榻榻米等。

日式风格的装饰元素

〉日式风格装饰图案

日式风格空间内的装饰造型极为简单，在设计上采用简单的直线条或几何线条作为装饰。此外，樱花、锦鲤、云纹、水波纹、缠枝纹等具有和风韵味的图案在家居中的使用频率较高，自然山水、和风仕女图等日式古典纹样则被用于装饰墙面或隔间中。

〉日式风格布艺

在搭配日式布艺织物时，要与室内整体设计风格相呼应，同时注意色彩上的协调性，以暖色为主，如亚麻色、米色、米白色、米黄色等；面料多选用手感舒适的棉麻等天然材质；装饰图案可以是低调素雅的格子、条纹、云纹等，祥和而温暖，为空间带来淳朴、安宁的感觉。

〉日式风格家具

日式风格家具一般都比较低矮，沙发布艺也多以咖、灰、米白、原木色为主，材质上精挑细选，工艺精美，回归自然，崇尚原木韵味。

1. 榻榻米

日式家居装修中，散发着稻草香味的榻榻米，具有很强的功能性，既有一般的凉席功能，又具有强大的收纳功能。搭配可升降的方桌，可方便用来下棋消遣或者聊天喝茶。

2. 木质家具

日式木质家具以浅色系为主，如原木色、白色、米色、浅灰色等，可与地板颜色接近，也可与墙面、饰面板的颜色接近，清新的纹理、淡雅的色彩，让空间显得禅韵静定。

3. 低矮型布艺沙发

日式家居中的布艺沙发以三人、单人和懒人沙发为主，灰色、亚麻色或米白色居多，布艺柔软，造型低矮，为空间注入一丝温暖。

➜ 低矮的布艺沙发，淡淡的米白色营造出日式的静谧之感。

▲ 蔺草榻榻米，让人感觉到无限的自然气息。

› 日式风格灯具

日式风格居室内的灯具造型十分简约，低调的造型设计搭配偏暖色调的灯光，营造的氛围自然、亲切，富有禅意。材质上以金属、竹木、铜、玻璃、羊皮纸居多；色彩上以白色、米色、木色为主。

床头吊灯的线条流畅优美，静雅温和，暖色的光源晕染出温馨之感。

› 日式风格装饰画

日式风格挂画的主题以简洁为主，以浮世绘、山水画居多，以延续日式风格的禅意。挂画的高度以画面中心稍高于人站立时所及视线为佳，画框多以原木色或白色。

→ 精致的荷花题材装饰画，为简约的日式风格居室增添了艺术气息。

实战案例

[清爽简洁的日式居室]

日式风格居室尊崇去繁留简，以纯净的白色作为空间的主色，可以在视觉上缓解小空间的局促感；温馨的浅灰色布艺沙发搭配浅卡色地毯，保持了空间色彩的平衡，打造出一个清爽、简洁又不失趣味性的日式风格居室。

[来自高级灰的时尚感]

温馨的原木搭配清新的绿色及白色墙面，让空间保持色彩上的平衡；高级灰的布艺沙发，为清新、淡雅的空间带来时尚气息。

[收纳的意义]

楼梯与墙面的结合处设计成收纳柜，各色书籍、饰品的点缀，丰富了空间的色彩层次，同时也彰显了日式风格居室强大的收纳能力。

[极简的日式风]

空间贯彻了日式格调一贯的极简风，以白色和原木为主，深胡桃木的电视柜、托盘茶几提升了空间的层次感；布艺元素的色彩选择与原木风相协调，使空间的每一处都显示出日式生活的精致品位。

[和风韵味]

书法字画、山水图、蔺草蒲团，展现出传统日式风格居室的禅意与韵味；极富现代设计感的灯饰，为典雅的空间增添了一份时尚气息。

[质朴安逸的生活基调]

整个空间以浅色调的大地色系为主,给人以回归自然的感觉;将原木家具贯穿整个空间,搭配白色的墙面和原木地板,深浅的木质纹理丰富了空间的色彩层次,给人的感觉质朴、自然。

[平和舒适的日式居室]

日式风格居室内无需过多的软装点缀,保持家具材质和风格上的统一即可;白色的墙面搭配原木地板和木质茶几等,营造出平和舒适的氛围;淡蓝色的布艺沙发低调优雅,搭配米白色的抱枕,提升了空间的色彩层次。

[极简日式风]

极简风的居室内,以白色和原木色为主色调,柔软的白色布艺沙发搭配黑白装饰的托盘式茶几,黑白相间的条纹地毯、抱枕等布艺的点缀,增添了空间的律动感。

[色彩的点缀]

开放式的空间给人带来开阔的视觉感，木色与白色为主色，营造出的氛围简洁而温馨；低纯度的粉色与蓝色的运用，增添了空间的色彩层次，也为柔和的居室带来一份明媚之感。

[洁净、自然的小空间]

极简的日式风格居室内，以白色作为主色，展现出一个干净、整洁的空间背景；地毯、抱枕、灯饰、收纳盒等元素的色彩，让空间层次更加丰富；精心挑选的绿色植物，为空间带来不可或缺的自然气息。

[开放式空间的优越性]

客厅与餐厅相连，并未做明显的分隔，从地面到天花板都采用相同材质作为装饰，厅的落地窗保证了两个空间的良好采光；浅色为主的配色，在视觉上放大了空间，无纹理玻化砖装饰的地面光滑通透，也方便日常的清洁工作。

[简洁大方的现代居室]

客厅的设计简约实用，白色墙面搭配设计造型简洁大方的原木色电视柜，营造了温馨舒适的空间氛围；浅灰色布艺沙发的运用，为空间带来现代风格的时尚感。

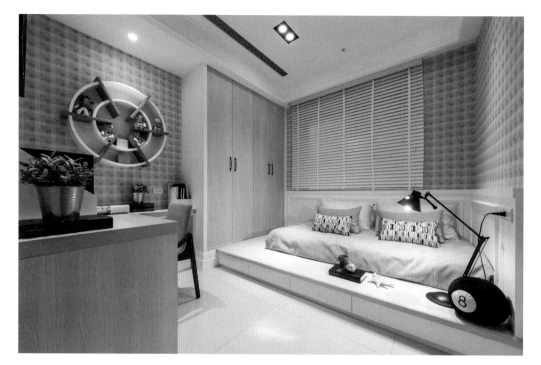

[现代日式的休闲空间]

现代风格居室中的榻榻米以木材为主材，摒弃传统榻榻米的蔺草席面，更有利于日常清洁与保养；一盏精致的台灯、一张舒适的日式榻榻米、自由摆放的书籍饰品，闭目养神或休闲阅读都很适宜。

[留白处理]

卧室背景墙上做留白处理，原木色地板为卧室融入暖色，为室内增添色彩层次；家具的设计线条简洁，纯棉质地的床品、干花等元素的点缀，打造出一个干净、整洁的卧室。

[亲切自然的原木风]

棕色墙漆与原木色地板、家具形成同色系配色，再利用白色进行调和，使空间的整体基调更显亲切、自然。

[素朴雅致的空间印象]

原木色+灰色+白色作为空间的主色调，为日式家居空间中出镜率较高的配色手法；定制合理的木质家具，强调了功能性与装饰性；原木色家具搭配灰色的布艺，展现出日式居室的自然本质，彰显出素朴、雅致的品位。

[定制家具的魅力]

空间整体呈现出极简的视觉效果，色彩搭配以白色、灰色、木色为主，轻质的木质家具别致而新颖，使空间得到充分地利用，能够有效节省视觉面积；柔软舒适的布艺元素，增加了家具使用的舒适度。

[整洁干净的小卫浴]

纯白色的空间，总能给人带来整洁、干净的视觉感受；地面的马赛克色彩变化丰富，缓解了白色的单调感。

[清新、淡雅的浴室]

白色墙面避免了小空间的压抑感，原木色洗漱柜带有很强的收纳功能、藤质收纳筐、黑色边框装饰画、绿植，搭配出一个清新、淡雅的小空间。

[绿色让日式家居色彩更平衡]

日式家居的绿植除了可以净化空间，还能起到平衡视觉的作用；玄关空间以白色和原木色为主，绿植的点缀为玄关带来了些许绿意和自然气息。